基于云计算的生物大数据分析研究

纪兆华　徐行健　刘　芳　袁方方　著

北京理工大学出版社
BEIJING INSTITUTE OF TECHNOLOGY PRESS

版权专有 侵权必究

图书在版编目(CIP)数据

基于云计算的生物大数据分析研究 / 纪兆华等著
. -- 北京 : 北京理工大学出版社, 2023.11
ISBN 978-7-5763-3095-3

Ⅰ. ①基… Ⅱ. ①纪… Ⅲ. ①生物信息论-数据处理-研究 Ⅳ. ①Q811.4

中国国家版本馆 CIP 数据核字(2023)第 205527 号

责任编辑: 张鑫星　　文案编辑: 张鑫星
责任校对: 周瑞红　　责任印制: 施胜娟

出版发行 / 北京理工大学出版社有限责任公司
社　　址 / 北京市丰台区四合庄路 6 号
邮　　编 / 100070
电　　话 / (010) 68914026 (教材售后服务热线)
　　　　　 (010) 68944437 (课件资源服务热线)
网　　址 / http://www.bitpress.com.cn

版 印 次 / 2023 年 11 月第 1 版第 1 次印刷
印　　刷 / 保定市中画美凯印刷有限公司
开　　本 / 787 mm×1092 mm　1/16
印　　张 / 10.5
字　　数 / 195 千字
定　　价 / 62.00 元

图书出现印装质量问题, 请拨打售后服务热线, 负责调换

前　言

近年来，随着生物技术的不断发展，高通量测序技术得到快速发展，基因组测序的成本相对降低幅度很大，生物数据规模也在随之增大，生物信息学也迎来了大数据时代。对生物大数据分析效果的高效性、准确性，在生活中就有很大应用，但是因为生物大数据本身具有的类型复杂度高、结构异质强，而且具有较高的冗余性，以及数据量庞大等诸多特点，对多组学海量生物大数据在数据的存储和分析等方面带来问题，这些问题更需要利用云计算技术来帮助解决，从而更加快捷并且高效率地分析生物大数据，探索数据中大量“宝藏”。云计算技术可以给生物信息学在数据分析方面提供计算资源，从而生物信息大数据借助大数据的生物信息云迎接更多的新挑战，挖掘数据中隐藏的资源。但根据生物信息学数据特点，科研人员经常借助数据可视化等方法，理解其组成特征和内在联系，进而挖掘内在信息。传统的数据可视化在大数据时代局限性很大，本项目研究利用云计算技术来构建生物大数据可视化平台，从而利用基于云计算技术的生物大数据可视化平台来直观地展现出测序数据和分子结构数据等多种类的生物数据，为生物学和医学等领域研究提供可视化的基础软件设施。

本研究主要拟通过使用各种相关云计算技术，解决在 RNA－Seq 数据分析任务中存在的各种性能问题，提高研究人员的工作效率。研究如何将云计算的理念、模型以及设计框架运用于解决生物信息学中 RNA－Seq 转录组数据的问题。和其他大数据分析领域不同，生物信息学有着独有的特点，包括数据的存储、数据的访问和结果的展示等。通过本项目的研究，也可为以后云计算在其他生物信息学问题中运用的研究做出基础工作。介绍基于云平台的机器学习发展历程，包括 Hadoop MapReduce、HDFS、Mahout、Spark 及 Yarn 的主要研究现状和意义，同时介绍生物信息学中基因组数据分析的现状及本文主要的工作任务和结构安排。

本研究基于 Spark 与 Hadoop Yarn 框架的云平台，对机器学习算法中聚类算法、决策树、随机森林并行化的研究与应用。主要安排如下：介绍了大数据时代的背景下，数据挖掘的意义与数据分析困难及效率低的现状，同时讲述了基于云平台的大数据处理工具。“相关技术”介绍了云平台下的关键技术，深入研究了 MapReduce 及 HDFS 的底层原理，基于机器学习库的特点分别介绍了 Mahout 与 Spark 技术。同时介绍了生物信息学的背景。

“算法分析”介绍了本书所研究的ML，包括其应用、需要解决的关键问题与算法思想，最后介绍了本文需要的一些度量方式；“基于Spark + Hadoop的算法设计”介绍了基于Spark的K－means、Decision Tree、Random Forest的算法设计及参数设置；“基于Spark + Hadoop的结果分析”主要介绍实验平台的软件硬件配置，还有实验所需要的数据及对实验结果的分析；“总结与展望”总结本文完成的主要工作和待改进的相关工作，提出了进一步的研究方向。

本研究中基于Spark云计算技术RNA－Seq Reads Mapping并行化探究，对相关算法对照比较，选择其中性能最优的算法，通过序列比对运行时间、正确率和并行加速比等分析实验结果。

著　者

目　录

第1章　绪论

生物信息学是利用统计学、信息学、应用数学及计算机科学的方法来研究生物学问题，是一个交叉学科，有机结合了数学和计算机科学分析生物学方面的数据，探究生物大数据中蕴含的生物学意义。生物信息学把生物学数据作为研究材料和结果，把计算机作为研究工具，以对生物学数据进行的收集、筛选、处理和管理及模拟计算为研究方法。

随着生物技术的不断发展，高通量测序技术得到快速发展，基因组测序的成本相对降低幅度很大，生物数据规模也在随之增大，生物信息学也迎来了大数据时代。对生物大数据分析效果的高效性、准确性，在生活中就有很大应用，但是因为生物大数据本身具有的类型复杂度高、结构异质强，而且具有较高的冗余性，以及数据量庞大等诸多特点，对多组学海量生物大数据在数据的存储和分析等方面带来问题，这些问题更需要利用云计算技术来帮助解决，从而更加快捷并且高效率的分析生物大数据，探索数据中大量“宝藏”。云计算技术可以给生物信息学在数据分析方面提供计算资源，从而生物信息大数据借助大数据的生物信息云迎接更多的新挑战，挖掘数据中隐藏的资源。但根据生物信息学数据特点，科研人员经常借助数据可视化等方法，理解其组成特征和内在联系，进而挖掘内在信息。传统的数据可视化在大数据时代局限性很大，利用云计算技术来构建生物大数据可视化平台，从而利用基于云计算技术的生物大数据可视化平台来直观的展现出测序数据和分子结构数据等多种类的生物数据，为生物学和医学等领域研究提供可视化的基础软件设施，可以分析挖掘更深层含义。

1.1　基础概念

1.1.1　生物信息学

生物信息学研究以生物学数据的序列的比对、生物进化与系统发育分析、存储与获取、基因预测、测序与拼接、分子设计与药物设计、DNA 计算、蛋白质与 RNA 结构预测等为研究内容。生物数据库与相关软件是生物信息学开展研究与应用的重要资源。

数学和计算机的普遍使用将有益于人类基因组计划的完成。测序中心不断地向数据库中提交基因组序列信息，使数据量非常迅速增长，怎样分析与管理这些数据，传统的生物学研究手段已经束手无策。因此，一门由生物学、数学、计算机科学紧密结合的技术形成的生物信息学来解决有待管理、分析与开发的海量生物学数据。生物信息数据库包括蛋白质数据库及其结构数据库等，其中著名数据库有 GenBank、UniProt 等数据库。

目前，生物信息学并没有明确的定义，其研究内容因不同时期和不同人的研究方向而异。其应用领域广泛，包括分析医学数据，查找疾病相关的基因，辅助药物设计；农业方面，对遗传育种的指导作用；工业方面，促进生物催化剂的研究；海洋领域，促进其中资源的开发与利用；还可应用到体育方面，研究生命运动的机理及运动能力的遗传方面。生物信息作为一门相对较新的领域，计算机、数学、生物等领域都有很强的研究价值。

1.1.2 转录组测序 RNA－Seq 技术

转录组测序 RNA－Seq 技术（RNA Sequencing）作为一种全转录物组鸟枪法测序（Whole Transcriptome Shotgun Sequencing）是随着二代高通量测序技术而产生的转录组学研究实验新方法。通过 RNA－Seq 技术，研究人员可以获取到在给定时刻细胞中全部 RNA 的总和快照。具体来说，在实验过程中，研究人员首先提取生物样品的全部转录的 RNA，然后将之反转录为 cDNA，获得代表全部转录组 RNA 的 cDNA 文库。随后将此 cDNA 进行的二代高通量测序，通过传统的片段的重叠组装，从而可以得到各个样品的完整转录本序列数据。

近几年，在生物学转录组测序研究中，RNA－Seq 技术有着众多优势被广泛使用。RNA 转录组经过高通量全测序后会得到单端或者双端的 Reads 序列，结果序列文件会比较大。实际研究中，除了待研究的转录本，往往需要测定多个其他不同的转录本用于作对照组，发现基因表达的异常，阐述背后的生物学意义。分析软件的运行时性能对该过程的分析很重要 CPU 时间、内存等资源的情况，对于科研人员工作效率有着较大的硬性。

1.1.3 组学大数据

生物信息学是用数学和计算机科学的技术和方法研究生物中复杂的现象及规律。大数据又称为海量资料，具有数据量大、数据结构复杂、要求实时性强、数据所蕴藏的价值大，采用更丰富、更多元的手段采集更多种类、更多维度的数据。数据可视化是将数据的内在规律等通关图形化展示出来，是生物信息学大数据分析中的重要环节，结果呈现更为简明清晰。

1.1.4 云计算技术

云计算技术是一种提供灵活、高效和可扩展计算资源的基于互联网的用来支持各种应用程序和服务的计算方式，提供包括硬件、软件和数据存储等计算资源和服务，通过云计算平台，按用户需求使用所提供的服务和计算资源，自己不用购买和维护计算设备，又满足了不同规模和需求的用户。具有以下三个优势：一是灵活性优势，可以根据用户需求提供计算资源和服务，随时调整计算资源和服务的使用量；二是高效性优势，满足不同规模和需求的用户，快速搭建用户个性化计算环境，提供高效计算资源和服务，提高工作的效率和质量；三是可扩展性优势，用户能根据自己需求，快速扩展计算资源和服务，方便地增加、减少计算资源和服务的使用量，不需要购买和维护计算设备。

本项目基于云计算技术提出大数据问题的解决方案，采用 Hadoop 实现 RNA - Seq 数据分析，Hadoop 在文件访问、存储和作业并行化管理等方面有很好的解决方案，可以完成生物信息学大数据并行分析作业任务。在生物信息学中，RNA - Seq 数据分析软件的开发也是科研人员的一个研究热点。云计算技术提升和扩展了分布式并行计算解决大数据问题的可用性和易用性。作为用户向云平台提交数据后，不再关心计算过程，数据分析的结果通过平台返回，因此用户节省了数据处理时间，提高了工作效率。

云计算有着基础设施即服务（IaaS）、平台即服务（PaaS）、软件即服务（SaaS）、数据即服务（DaaS）的理念。基础设施即服务（IaaS）提供虚拟化的计算资源、存储和网络设备，是云计算技术中最基本的一层，用户按需使用 IaaS 资源，IaaS 资源帮助用户快速搭建个性化计算环境、降低成本、提高工作效率；平台即服务（PaaS）为用户提供了开发、测试和部署应用程序的平台，是在 IaaS 基础上提供的服务，帮助用户快速开发和部署应用程序，提高开发效率和质量；软件即服务（SaaS）为用户提供了各种应用程序和服务，是在 PaaS 基础上提供的服务，用户通过互联网按照自己的实际需求来使用 SaaS 提供的应用程序和服务，因此其软件和设备不需要购买和维护，用户 IT 成本降低，管理难度减小，工作效率和质量得到了提高。

随着生物信息学大数据的迅速发展，也带来了挑战，需要开发基于云计算的生物信息学大数据的相关分析软件，但是这些软件远远无法组建成一个完整的 RNA - Seq 分析流程，需要针对 RNA - Seq 大数据的特点开发更多的云计算软件模块，才能满足需求。最近几年，国外已经有一些基于云计算的生物信息学大数据分析软件发表，达成了“云计算更加适合生物信息大数据分析”的共识。

1.1.5　基因数据分析研究现状

生物信息学也是一门新兴的包含多门学科的交叉学科，如数理统计、计算机和生物等，是利用算法、计算机技术对生物数据进行分析，来达到更理想的问题解决效果。

生物信息学中的数据主要包括常见的 DNA 序列（脱氧核糖核酸）、RNA 序列（核糖核酸）和蛋白质序列。其中，DNA 序列由字母表｛A，C，G，T｝4 个碱基组成，RNA 序列由字母表｛A，C，U，G｝4 个碱基组成，而蛋白质的字母表由 20 个氨基酸组成。主要研究数据的存储与获取，其中存储数据的标准化与个性化是研究的热点与难点；序列比对，即符号序列按一定的标准对齐，如何制定该标准是一问题；测序与拼接，生物的全基因组序列测定主要有两种方法：一种是将全基因组分成几个大的 DNA 序列，再将大的 DNA 片段分成小的 DNA 片段，依次减小长度，直到可以测序；另一种是全基因组鸟枪法，直接将序列分成可测的片段长度，测序之后重新拼接成原先序列；RNA 结构预测，RNA 是生物体内关键的大分子，在 DNA 活动到蛋白质出现的生理过程中起着纽带作用，RNA 序列长度相对较短，使用 RNA 二级结构的预测来区分编码和非编码 RNA 是现在的研究热点等。

序列比对通常是用来协助发现新测序的基因的功能，它是通过查明这个新基因与先前测序的已知功能的基因之间的相似性来实现的。然而，有很多基因功能相似，但其序列相似性很弱，或者没有相似性可言，所以我们不能仅仅依靠序列比对来正确的判断这个新测序的基因的功能。目前，在已测序的基因组中功能未知的基因超过 40%。本书主要是针对第一方面的基因组数据来判断序列为编码 RNA 或者非编码 RNA。

DNA 阵列是一种可分析基因功能的新方法，通过分析很多时间节点和条件节点大量基因的表达水平实现。DNA 阵列测得的结果是一个 $N \times M$ 的表达矩阵 $\boldsymbol{I}$，其中 N 行对应基因，M 列对应不同的时间节点和不同的条件。元素 $I(i,j)$ 表明基因 i 在实验条件 j 时的表达水平；整个 i 行代表基因 i 的表达模式。如何有效地寻找相似的表达模式也是研究重点与热点。

目前，随着信息化时代的到来，各种数据都在剧烈地增加，基因组数据也不例外，对其分析困难也随之增加，例如：如何将各种细胞进行分类、如何在大量数据中看出某些基因有异常及异常类型从而诊断出病情、如何区分 RNA－Seq 等。本书研究的机器学习算法可以解决部分上述问题，分析之后的最终结果可以应用到人类或植物的疾病诊断、细胞类型识别中，例如：急性髓性白血病（AML）等。生物信息学作为一个新型学科，这方面的研究还处于初始阶段，而且伴随着大数据时代的到来，传统的基因数据存储与数据分析工具已不能满足目前的需要，将大数据处理技术及机器学习方法应用其中也是大势所趋。

1.2 生物信息学与组学大数据

Reads Mapping 序列比对作为过程是将通过 RNA－Seq 测序得到的 Reads 片段，通过比对算法，查找该 Reads 在参考基因组中的坐标信息（包括染色体号和在该染色体中的位置）。Reads Mapping 序列分析是 RNA – Seq 数据分析过程中的第一步，同时也是重要的一步。该过程中分析结果、运行时间等结果都会对 RNA – Seq 数据分析过程产生影响。随着生物信息学中高通量测序技术的快速发展，RNA – Seq 数据分析所产生的数据量有着大数据的众多特点，因此将传统的比对算法与云计算技术结合，成为解决 RNA – Seq 数据分析难题的一个有效方法。大数据与云计算技术的快速发展，对于解决生物学这一难题有着很大的帮助。在 Reads Mapping 过程中，构建合适的云计算环境，优化 Reads Mapping 问题，进一步推进 RNA – Seq 数据分析的发展，对生物信息学有着重大意义。

RNA – Seq 序列比对给定一个子字符串，在一个长字符串确定该子字符串的位置。常用的字符串搜索算法包括 Hash Table 算法、Suffer Array 算法、Kart 算法和 FM – Index 算法，对常用的四种比对算法进行比对，通过模拟 Reads 序列将四种算法在内存需求、运行时间和序列比对正确率三方面进行比较，选择四种算法中相对较好的 FM – Index 算法，通过云计算大数据技术进行算法并行化。

在基于 Spark 进行 FM – Index 算法并行化过程中，主要在参考基因组索引建立和序列比对两个部分进行并行化，将参考基因组索引建立通过 Spark 分布式计算框架进行并行化，实现算法的并行化，优化串行算法，达到降低序列比对过程中时间花费和内存消耗的目的。

1.2.1　基于云计算技术的差异表达基因鉴定流程

1.2.1.1　概述

RNA – Seq 技术是将细胞某一时刻的转录组 RNA 反转录成 cDNA 片段，然后使用高通量测序技术对这些 cDNA 片段进行测序，再组装片段序列，最后得到转录本对应信息，Cufflinks 和最近出现的 StringTie 等传统软件可以进行此类操作。本书构建了一个基于云计算的基因差异表达分析流程，其输入数据是 RNA – Seq 技术得出的 Reads 序列以及物种的参考基因组序列，输出数据是在样本间存在差异表达的基因列表。

1.2.1.2　方法

实验通过六个分析工具，构建基于云计算的基因差异表达分析流程，如表 1 – 1 所示。

表 1 – 1　本流程中使用到的一些工具概览

名称	作用	实现方法
Bowtie	序列比对	Hadoop Stream
Sam to Bed	将 Sam 格式文件转换为 Bed 格式文件	Spark

续表

名称	作用	实现方法
Expression calculator	计算基因表达水平	Spark
Line transformation	线性转换工具	Spark
Join	使用指定方式连接两个或多个 TSV/CSV 文件	Spark
DEGSeq	基因差异表达	Hadoop Stream

1. Reads 片段的 Mapping

采用软件 Bowtie 将 RNA－Seq 测序得到的短测序序列“定位”到参考基因组序列上，在参考基因组序列中对应的位置，把“定位”过程称作 Reads 片段的 Mapping 操作。每个 Reads 片段都对应了一个基因的某个转录本，将 Reads 序列 Mapping 到参考基因组序列上，再根据该参考基因组已有的基因注释信息，来推定出各个基因在转录组中对应的表达量高低情况。Bowtie 支持标准输入输出流，并通过 Hadoop Stream 技术来将其部署到云计算集群中。

2. 计算各个基因的表达量

把 Reads 片段 Mapping 到参考基因组序列之后，再进行根据基因注释文件来计算得到每个基因对应 Reads 片段数有多少。通过 Reads Mapping 的结果 Bam 文件，以及对应参考基因组的 GFF 注释文件的两个输入文件，确定 Reads 对应到哪一个基因。具体实现时，我们参考了 Rcount 的相关算法，并使用 Spark 技术将其实现。图 1－1 所示为计算每个基因被 Mapping 到的 Reads 数目。

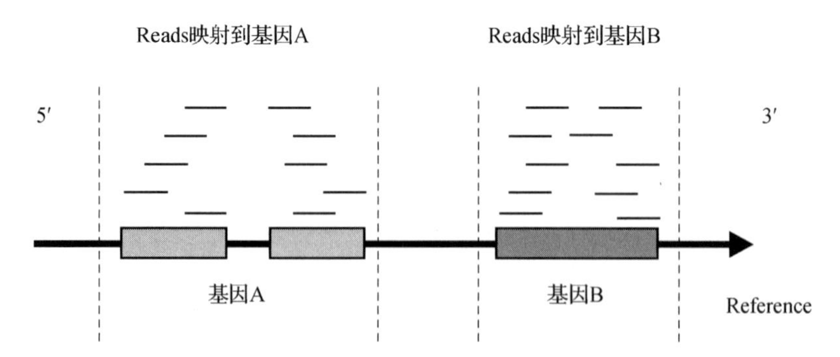

图 1－1　计算每个基因被 Mapping 到的 Reads 数目

所以，基因的表达量不能看作为 Mapping 到基因上的 Reads 数目，Mapping 到基因上的 Reads 总数受到基因的表达量和基因转录本的长度影响，所以衡量基因的表达量水平 FPKM（Fragments Per Kilobase per Million，即为每百万片段中来自某基因每千碱基长度的片段数），FPKM 计算如下：

$$\mathrm{FPKM}=\frac{N_{\mathrm{exons}}}{\left(\frac{N_{\mathrm{mapped}}}{10^{6}}\right)(L_{\mathrm{exon}}/10^{3})}$$

式中，N_{exons}为某一个基因外显子个数；N_{mapped}为 mapping 到基因上 Reads 片段总数；L_{exon}为基因中外显子总长度。

3. 鉴定差异表达的基因

通过以上的操作，可以计算得出两个样本中每个基因对应表达量的 FPKM 值，再采用 DEGSeq 工具，分析基因在不同样本间表达量不同，可以得到差异表达的基因。同此情况相似，在组学大数据环境下为提高运行效率，采用 Hadoop Stream 把 DEGSeq 转化为云计算集群下的运行程序。因为 DEGSeq 输入的数据集要求是包含了各个基因在不同样本之间所有表达量的单一文件，因此采用“Join”工具把两个样本表达量文件在进行整合合并为一个文件，并且在合并文件中，每个基因的两个样本中对应表达量被合并到同一行内，这个操作阶段的数据流处理过程如图 1－2 所示。

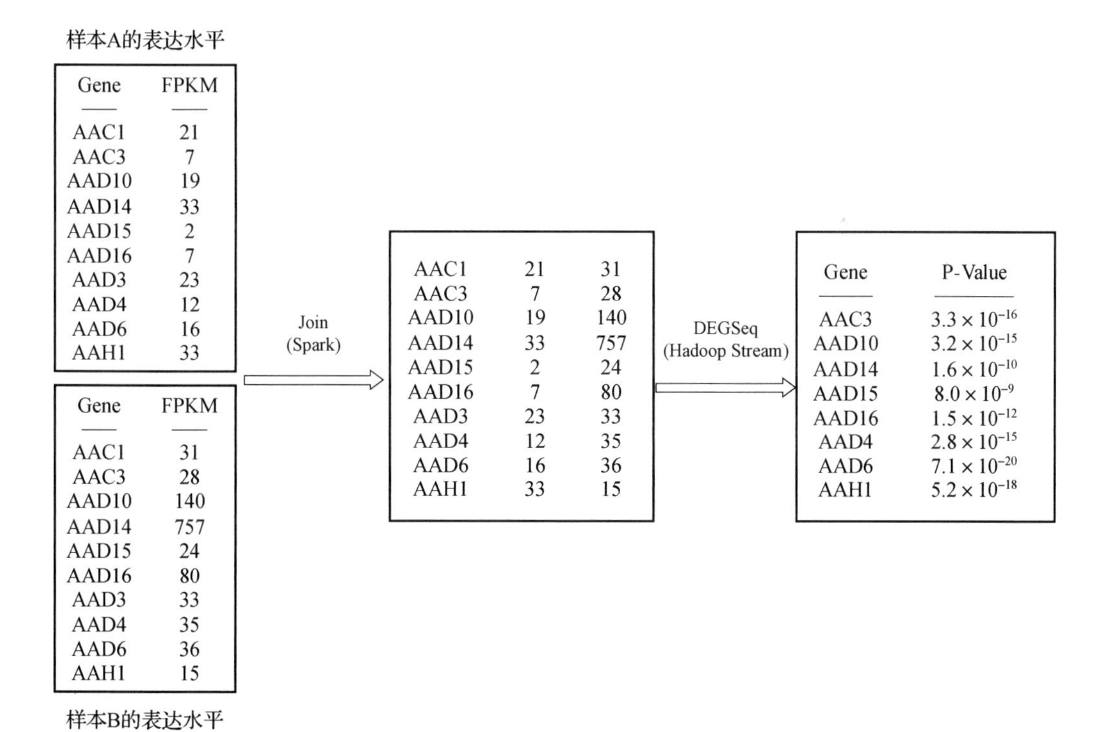

图 1－2 鉴定差异表达的基因

1.2.2 基于 Spark 云计算技术的并行化 RNA－Seq Mapping 算法

1.2.2.1 概述

在 RNA－Seq 数据分析中，序列比对过程可以抽象成计算机算法中字符串搜索问题，即在一个长字符串中搜索子字符串，确定子字符串的位置。因此，一些高效的字符串匹配算法就可以被应用到序列比对问题中，如哈希算法、后缀树算法、后缀数组算法和 FM - Index 算法等。研究采用 Mapping 算法建立索引，再把 RNA - Seq 生成 Reads 片段与索引比对，确定 Reads 在参考基因组中坐标信息。在 Spark 云计算框架实现建立索引和比对过程，减少时间消耗和内存需求。

1.2.2.2 方法

本部分研究的算法技术路线如图 1 - 3 所示，主要包含了原始数据预处理、索引的建立、Reads 片段的比对等步骤。

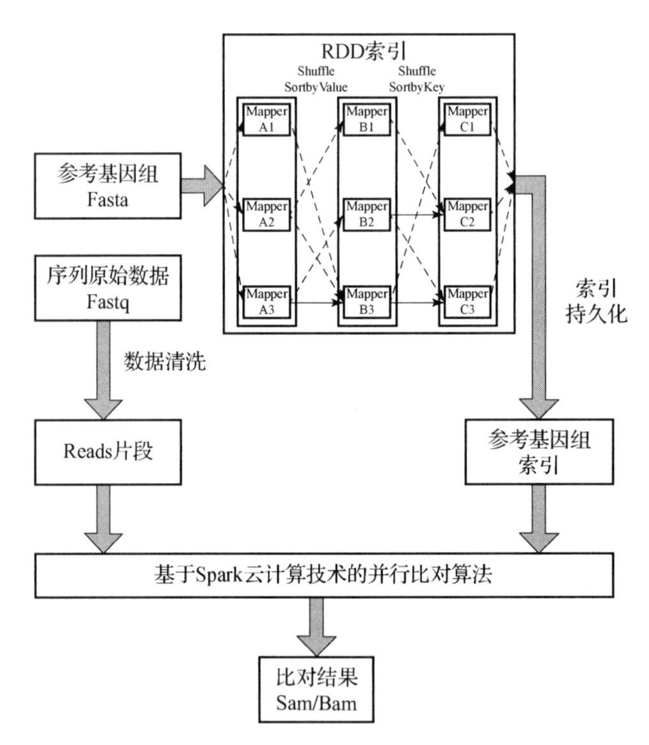

图 1 - 3 基于 Spark 云计算技术的并行化 RNA - Seq Mapping 算法技术路线

1. 原始数据的预处理操作

我们通常把 RNA - Seq 生成的数据当作原始数据，该原始数据会存在噪声数据、剪切位点缺失以及无关数据等现象，需要进行清洗数据，从而使 RNA - Seq 数据符合实验条件要求的测试数据。

2. 索引的建立

索引的建立主要分为参考序列的切割、键值对的洗牌与排序、RDD 索引的持久化三个步骤，如图 1 - 4 所示。

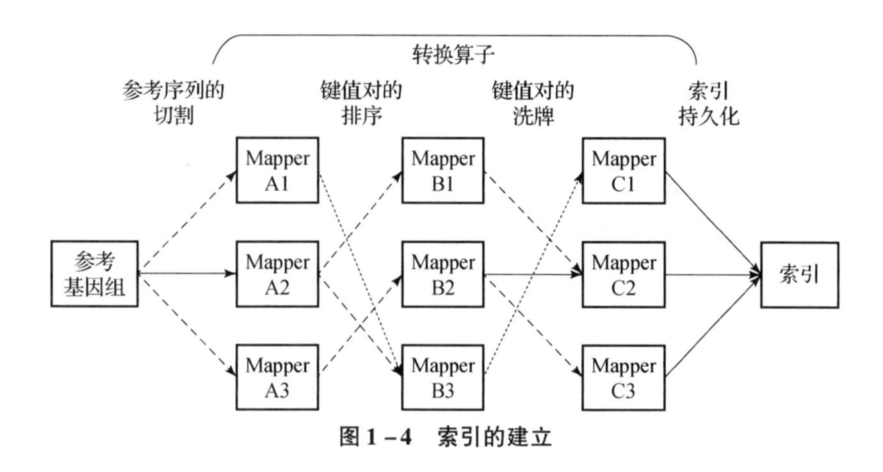

图1-4　索引的建立

3. Reads 片段的比对

Reads 片段在进行了数据预处理后，同参考基因组和参考基因组索引比对，通过精确比对算法确定 Reads 在参考基因组中坐标信息，输出比对结果，操作过程如图 1-5 所示。

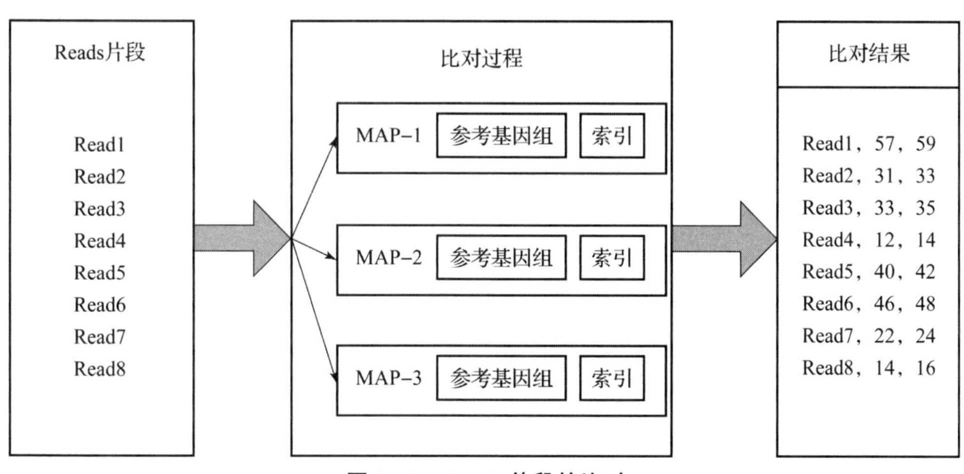

图1-5　Reads 片段的比对

1.2.3　基于 MapReduce 云计算技术的决策树算法

决策树（Decision Trees）及其组装 Trees 是一种在分类和回归任务中比较流行的机器学习算法。由于其容易被解释、处理绝对的特征、扩展多类分类设置、不要求特征缩放、可以处理非线性和特征交互等特性，因此广泛被应用。树的组装算法如 Random Forests 和 Gradient - Boosted Trees 在分类和回归任务处理中表现具有较高性能。

决策树是一种贪婪算法，执行特征空间的递归分区，形成分类树。同时，决策树也被视为预测模型，它代表对象特征属性与对象值（类别）之间的一种映射关系。树中每个分裂点代表数据对象某个属性，该属性不同取值形成了分叉路径，叶节点表示从根节点到该节点数据对象的类别。其中，中间节点的选取使用信息增益计算得到。决策树的构建过程如图 1－6 所示。

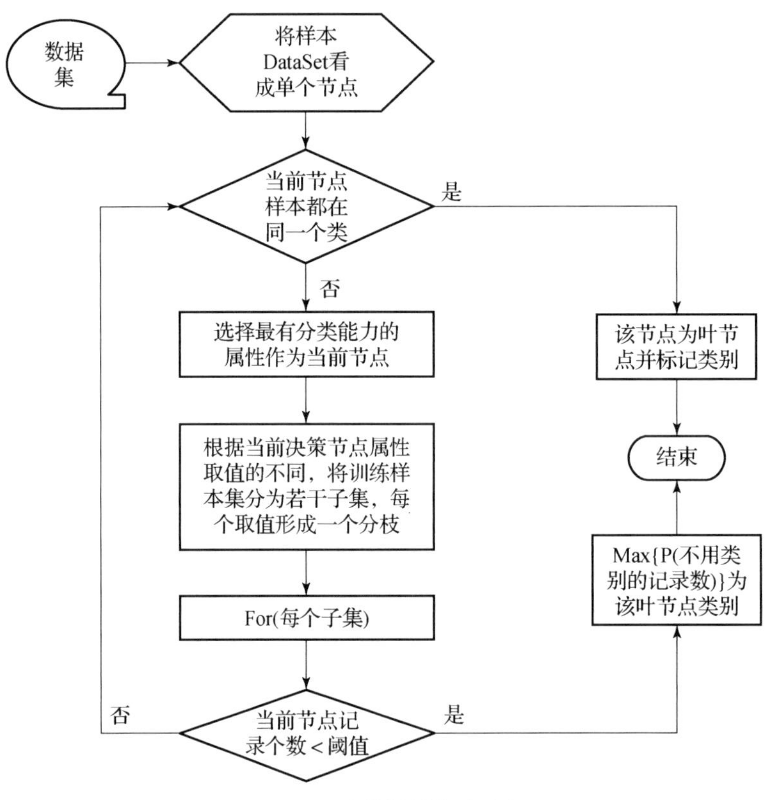

图 1－6　决策树的构建过程

其中，阈值为当前节点记录数小于的某设定值，阈值的设定可以一定程度降低 Tree 的过拟合现象；样本数据可以具有连续特征和范畴特征这两种数据，如使用｛>=，<=｝与｛是，否｝界定的值；最有分类能力节点的计算方式是从 argmax｛Gain(D,A_i)｝集合选择最大的值，使信息增益 Gain(D,A_i)最大化，A_i 代表分裂点，D 代表数据集，整体意思为节点 A_i 在数据集 D 上的信息增益值。计算信息增益需要首先计算节点不纯度，衡量分类节点不纯度的方法有两种，一是基尼不纯度，二是熵值。另外，可以使用方差作为回归的不纯度衡量方法。

现在介绍如何在连续特征和范畴特征集上选出分裂候选项。对于连续性特征，如果是单机上实现的小数据集，每一个连续特征的分裂候选项对于特征来说是唯一的值。有些实现是将特征值排序，然后使用排好序的唯一值作为分裂候选项来快速构建树。如果是大规模分布式数据集，其排序特征值消耗资源大。这个实现通过在部分采样数据上执行方差计算得出一个大约的分裂候选项集合。有序的分列项作为一个“箱子”，箱子的最大个数可以定义为参数“maxBins”，总结为以特征排序为依据，选取特征子集，实现特征选取。对于范畴特征，若具有 M 个可能的值（类别），将具有 $2^{M-1}-1$ 个分裂候选项。对于两类分类和回归，通过排序范畴特征，将减少到具有 $M-1$ 个分裂候选项。例如：具有一个范畴特征和三个类别 A、B、C，其相应的值为0.2、0.6、0.4，其排序范畴特征为 A、C、B，两种分裂方式为 $\{A\}$、$\{C, B\}$ 和 $\{A, C\}$、$\{B\}$。

在多类分类器中，所有的 $2^{M-1}-1$ 个分裂项将被使用。当 $2^{M-1}-1$ 大于“maxBins”时，我们将使用类似于用于两类分类或者回归的启发式方式，将具有 M 个范畴特征值通过提纯度进行排序，将其变为具有 $M-1$ 个候选项。

决策树是一个分类模型，使用递归实现，期望每条数据记录都有准确的类别，但现实中，很难找到合适的构建决策树条件，使其难以停止构建。有时构建完成，往往也会出现树节点数过多，导致过度拟合的现象。为了优化决策树，需要在构建时设定停止条件，满足条件时，停止决策树的构建，但这并不可以很好地解决过度拟合。造成过度拟合的情况包括：在训练数据时因为有噪声存在，才采用没有代表性的数据。过度拟合表现情况是决策树模型仅仅对训练数据集有较低的错误率，而对其他数据集的错误率很高。另一个表现出来的情况是构建决策树的节点会比较多，因此需要进行优化修剪已经构建好的决策树。不论是设置停止条件还是对枝叶修剪，都不能在根本上解决问题，解决过度拟合决策树的方法为组装树随机森林算法。

第2章 基于云计算的差异表达基因检测

生物信息学是一门交叉学科，采用多学科的理论和方法来对复杂生命现象进行研究，运用计算机科学与人工智能的手段进行收集、加工、存储、分析与解析大量生物信息数据，挖掘生物学数据所蕴含的丰富知识和规律。

生物信息学的一项主要任务就是研究如何利用应用数学和计算机等学科中的方法来分析这些数据，探明数据中所包含的生物学意义。在生命科学的各个领域（基因组学、转录组学等)，不论是基础研究还是应用研究，生物信息学都起着重要作用。生物信息学是一门多学科交叉的学科，研究工作中主要需要计算机科学、生物学的相关知识，这要求几个学科的科研人员密切配合、积极沟通、互相协作，利用各自的专业特长共同解决生物信息学大数据问题。

云计算通过互联网以服务的方式，提供动态可伸缩、虚拟化的资源计算模式。云计算技术应用到处理分析生物大数据，把云计算、大数据和人工智能三种技术相结合，阐明生物大数据的生物信息云，应对生物信息大数据新挑战，挖掘生物大数据中蕴含的丰富资源。

2.1 云计算技术

2.1.1 云计算内涵

云计算技术包括服务器技术、虚拟化技术、云计算平台技术、数据中心技术、网络技术、存储技术、分布式计算技术等信息技术中绝大部分，是计算机的硬件技术及网络技术的发展而产生的新技术模型。把云计算看作为互联网服务的增加、使用和交付模式，通常涉及通过互联网进行的提供具有动态性、易扩展性和有虚拟化特征的资源。云计算技术下，资源的整合者负责资源的整合输出；使用者只需要对资源按需付费，满足客户的资源需求；终端用户为资源的最终消费者，资源与用户需求之间的弹性化关系降低了资源使用者成本，提高了资源利用率。

云计算源于网络互联功能与智能化技术控制的终端产品联合，融合了网络技术与移动终端设备，采用大规模的分布式计算模式，将虚拟化的、抽象的、动态可扩展的数据和资源池，通过互联网技术以用户需求交付的方式提供给用户。云计算就其数据计算解决流程而言，将计算过程划分为若干部分，协同多个计算资源将已收集信息和数据整合并存储到云端，从而实现高效的数据处理。

云计算最本质的特征是虚拟化特性，主要体现在实际运行的计算平台和运行环节的联系少。云计算不同于传统的存储方式，具有动态可扩展的特性，其存储空间可以根据数据处理的容量需求大小以及对计算机资源的具体需求进行调整，提高实现大数据处理服务的高效特性，其服务通过虚拟化或其他途径动态配置，按需交付使用。云计算可以结合数据的计算和虚拟化特点实现多项任务的共融，具有良好的灵活性。云计算技术能够精确地计算出相关数据，可靠性高，计算失误率低。

云计算将一切资源作为服务，按照所用即所付的方式进行消费，其计算发生在服务器集群或者数据中心。概括地说，云计算是各种虚拟化、服务计算、效用计算、自动计算、网格计算等概念的混合集成，描述了一种新的补给、消费、交付 IT 服务的模式。也可以说，云计算具有了对远程计算资源的易访问性。

2.1.2　云计算的关键技术

（1）按资源封装的层次分为基础设施即服务、平台即服务和软件即服务。

IaaS 是 Infrastructure - as - a - Service（基础设施即服务），位于云计算三层服务的最底层，直接把计算和存储资源通过网络以服务的形式按用户需求提供，其对象通常是具有专业知识能力的资源使用者。IaaS 用于基于 Internet 访问存储和计算能力，以服务形式把 IT 基础设施像水和电的服务方式一样提供用户，可以按即用即付的方式从云提供商处租用 IT 基础结构，提供基本单元为服务器和虚拟机、存储空间、网络以及操作系统等计算和存储能力。

PaaS 是 Platform - as - a - Service（平台即服务），位于云计算三层服务的中间，也被称为“云操作系统”，把计算和存储资源封装后再以某种接口和协议的形式提供给用户调用，其使用者不再直接面对底层资源，通常是具有一定技术能力的云计算应用软件的开发者。PaaS 提供给终端用户构建和托管 Web 应用程序的工具，用户能够访问通过 Internet 快速开发和操作 Web 或移动应用程序时所需的组件。在 PaaS 层面，主要面向软件开发者，服务提供上提供的是经过封装的 IT 能力或者是一些逻辑的资源，用户不用再考虑设置或管理服务器、存储、网络和数据库的基础结构。

SaaS 是 Software - as - a - Service（软件即服务），位于云计算三层服务的最高层，将计算和存储资源封装为用户可以直接使用的并通过网络提供给用户；其服务的对象为对软件功能进行使用最终用户。SaaS 用于基于 Web 的应用程序，是一种通过 Internet 提供软件的模式，用户向提供商租用基于 Web 的软件。服务供应商负责维护和管理软件、硬件设施，托管和管理软件应用程序，通过云端访问可更轻松地在所有设备上同时使用相同的应用程序。

以上三层服务，每层都相应提供该层的服务，具有云计算的特征，如弹性可伸缩和自动部署等。每层都独立成云，并可以直接为最终用户提供服务，或者同时支撑上层的服务。

（2）从计算资源技术角度看，云计算体现出分布式系统、虚拟化技术、负载均衡等各种技术的联系。

云计算平台创新型地融合了各种技术思想，核心意义在于通过组织各种技术，使得建立 IT 系统的思路和结构发生根本性的变化。从计算资源技术角度看，云计算体现出分布式系统、虚拟化技术、负载均衡等各种技术的联系。

虚拟化技术是云计算技术中相对核心的技术，该技术支撑云计算来提供基础架构。虚拟化是在软件中仿真计算机硬件，采用虚拟资源的形式提供给用户服务，从而合理配置计算机资源。增强系统的弹性以及灵活性，提高了系统的利用效率。从变现形式看，虚拟化通过统一管理、动态的分配所需资源，提高资源的利用率，可以将一台性能强大的服务器虚拟成多个独立的服务器服务不同的用户，也可以将多个服务器虚拟成一台强大的服务器完成特定的功能。

分布式数据存储技术是在多台物理设备中存储大数据，多台设备作为存储服务器，分担存储数据负荷，利用位置服务器定位数据的存储信息。分布式数据存储技术摆脱了传统的硬件设备上的限制，同时存储的扩展性比单设备存储好，能够快速地响应用户需求的变化，可靠性高、可用性和存取效率高、扩展性好。云计算领域比较流行的云计算分布式存储系统有 GFS 技术和 HDFS 技术两种。GFS 是一个可扩展的分布式文件系统，用于大型的、分布式的、对大量数据进行访问的应用，一个 GFS 包括一个主服务器和多个块服务器，这样一个 GFS 能够同时为多个客户端应用程序提供文件服务。谷歌 Hadoop 的 HDFS（分布式文件系统）采用了主从架构模型，一个 HDFS 集群是由一个名称节点和若干个数据节点组成的。其中名称节点作为主服务器，管理元数据，数据节点管理存储的数据。HDFS 的数据存储技术已经被包括 Intel 等多数 ICT 厂商采用。

编程模式，云计算项目的分布式并行编程模式，可以高效利用软、硬件资源，使应用或服务更加快速、简单。

（3）云计算从技术路线角度分为资源整合型云计算和资源切分型云计算。

资源整合型云计算，依据用户的需求情况，通过网络对不同物理资源池的存储资源和计算资源统一云化管理，可以灵活组合、分割资源池并给用户提供使用服务，可以构建跨节点弹性化资源池。资源整合型云计算系统如 HPCC、Hadoop、Storm、MPI 等。

资源切分型云计算是一个虚拟化系统，将大量用网络连接的计算资源统一管理和调度，通过系统虚拟化实现对单个服务器资源的弹性化切分，构成一个计算资源池，有效地利用服务器资源向用户按需服务。该系统的优点是用户系统不用做任何改变，就可以接入采用虚拟化技术云系统，不足之处为整合跨节点资源的代价较大，比如 VMware、KVM 技术。

2.1.3 云计算和大数据

大数据技术应用云计算技术功能，大数据采用云计算的分布式计算架构，依托云计算的分布式处理、分布式数据库、云存储和虚拟化技术对海量数据挖掘。云计算技术相当于容器，大数据相当于储存在该容器中的水，大数据的存储和计算是依靠云计算技术来进行的，云计算和大数据二者的关系相辅相成。云计算为大数据提供了大规模的计算和存储资源，也为大数据的处理和分析提供了必要的基础设施环境；同时，大数据也提供了丰富的应用场景促进云计算的服务更加具有实用性和针对性。

云计算提供的计算能力具有弹性、可扩展特点，能够根据数据量增长同时也增加计算资源，促进了大数据处理和分析更加高效并且可靠。云计算也提供了规模较大的存储空间工具，帮助用户进行管理大数据和存储大数据。云计算的工具和存储空间满足了大数据存储需求，并且提供了数据备份、恢复和安全保护等方面的功能。大数据提供了丰富的应用场景，提升了云计算服务，用户利用大数据信息可以改进业务流程、降低成本、提高效率。对大数据进行的分析能够帮助用户使用场景时更有效地发现新商机。大数据的应用场景需要云计算支持来实现，大数据处理和分析所需的计算资源、存储资源和工具也需要云计算来提供。大数据和云计算二者都需要人工智能参与，在云计算和大数据相互结合应用过程中，人工智能能够帮助企业更好地利用数据，提高运营效率和降低成本。因此，云计算和大数据相互促进和相互依存，云计算为大数据的处理和分析提供基础设施，大数据为云计算提供了应用场景，二者相互结合，促进企业有效地利用数据，提高企业运营效率，降低企业运营成本。

2.2 基于大数据技术的机器学习算法

2.2.1 大数据技术与机器学习

机器学习需要足够多和足够好的数据来提高模型的精确性，而大数据技术可以提供大规模、高质量的数据。随着数据量的增长，机器学习模型的效率和准确性也会提高。大数据可以提高机器学习模型的性能，使机器学习能够处理更复杂的问题。机器学习是大数据分析的一个重要方向（方式），机器学习算法可以挖掘大数据中的规律和模式，帮助人们更好地理解和利用数据，机器学习的应用场景非常广泛，比如推荐系统、自然语言处理、图像识别等。这些应用场景的实现离不开大数据技术的支持，大数据技术提供了机器学习所需的计算资源、存储资源和工具。大数据和机器学习都需要人工智能的参与，人工智能是互联网信息系统有序化后的一种商业应用。在大数据和机器学习的结合应用中，人工智能可以帮助企业更好地利用数据，提高运营效率和降低成本。因此，大数据技术与机器学习之间的关系是互相促进、相依相存的。大数据为机器学习提供了大规模、高质量的数据，而机器学习则为大数据分析提供了重要的技术和方法。结合使用大数据技术和机器学习可以帮助企业更有效地利用数据，提高运营效率和降低成本。

大数据的 Hadoop 技术在分布式平台开发和运行处理大规模数据功能强大，Mahout 为一些机器学习算法框架库，但 Mahout 基于 MapReduce 计算框架，不适合处理迭代算法。机器学习是人工智能的核心，是多领域交叉学科融合，能够利用自我学习算法对人类的学习行为进行模拟或者实现人类的学习行为。机器学习算法可以对原有的知识结构进行重新组织，从而获得新的知识，得到新的性能。机器学习是通过对机器模拟人类学习活动的研究，对现有知识进行理解，并获取新的知识和新的技能。基于 MapReduce 框架编写的 Mahout 机器学习库，使用 HDFS 技术在云基础架构上能够实现对大数据的存储要求，但 I/O 资源消耗过大造成系统整体性能降低。

2.2.2 基于大数据技术的机器学习

（1）大数据进行机器学习的模型提升准确性高。

机器学习从大量数据中分析得到经验并且改善性能的方法，是数据挖掘要常采用的学习方法，从而实现某种程度的人工智能。大数据是要利用数据的价值，其关键技术为机器学习。数据的量越大，进行机器学习的模型提升的准确性越高。机器学习模型的性能和准确性很大程度上取决于训练数据的质量和数量。大数据可以提供大规模、高质量的数据，使机器学习模型能够处理更复杂的问题，并提高模型的准确性。大数据还可以提供更多的特征和维度，使机器学习模型能够更好地捕捉数据的规律和模式，进一步提高模型的准确性。数据量越大、模型越复杂，机器学习算法的计算时间复杂度也就越高，也越离不开分布式计算与内存计算等大数据的关键技术，二者相辅相成、互相促进。

（2）机器学习实现分析更高级别的数据。

机器学习中比较实用的能够进行自学习的数据挖掘的数据分析处理应用算法解决相关

问题。机器学习算法可以挖掘大数据中的规律和模式，帮助人们更好地理解和利用数据。随着数据量的增长，机器学习模型能够处理更复杂的问题，比如自然语言处理、图像识别、语音识别等。高级别的大数据分析离不开机器学习的支持，机器学习提供了必要的技术和方法。基于统计学习 SVM、分类算法 NaiveBayes、聚类算法 K - means 等各种算法，使用 Hadoop 的 Mahout 为工具，计算现有数据，分析计算结果，分析更高级别的数据。

（3）基于 Spark + Hadoop 处理技术的机器学习适应迭代式机器学习模型。

随着大数据时代的到来，基于 Spark + Hadoop 处理技术的机器学习使样本数量实现较大的增加，以大量的样本作为基础实现问题的分类求解。Spark 和 Hadoop 是大数据处理的重要技术，可以提供大规模、分布式的计算和存储资源，为机器学习提供了必要的基础设施。基于 Spark + Hadoop 处理技术的机器学习可以适应迭代式机器学习模型，这种模型需要多次迭代和优化来提高性能。Spark 提供了快速迭代和缓存等机制，使机器学习模型的训练和优化更加高效。此外，Hadoop 提供了大规模、分布式的存储和计算能力，支持更大规模的数据处理和分析。基于 Spark + Hadoop 处理技术的机器学习可以适应更大规模、更复杂的迭代式机器学习模型。在 Hadoop 技术架构下，本地计算和存储等功能可以由每台机器来实现。类似于 Hadoop MapReduce 通用并行计算框架的 Spark，不仅具有 Hadoop MapReduce 的优点，而且 Spark 能更好地适用于数据处理与机器学习等需要迭代 MapReduce 算法。Spark 常用机器学习算法的实现库 MLlib，MLlib 基于弹性分布式数据集与 Spark SQL 实现无缝集成，以 RDD 为基石，可以构建大数据计算中心。通过大数据技术 Spark + Hadoop 进行全量数据分析，解决统计/机器学习依赖于数据抽样不能精准反应全集的现象，揭示其全量数据分析而能精准反应全集的机理。

（4）机器学习分析数据中的关系获得规律预测新样本。

机器学习让计算机进行自“学习”，通过机器学习算法，分析数据中的内在关系，并获得隐藏的潜在规律，再预测新的样本。从原始数据的提取、转换、加载等形成一系列的处理，最终成为信息或知识，作为决策判断的标准。随着数据规模的扩大，对数据进行收集、统计和分析的大数据系统引入机器学习进行大数据计算，机器学习的深度和广度也提升了大数据分析效率。机器学习通过分析训练数据中的关系来获得规律，并利用这些规律来预测新样本的输出，过程如下：

数据准备：收集和处理训练数据，将数据转换为适合机器学习算法的形式；

特征提取：从数据中提取有意义的特征，这些特征可以描述数据的某些属性或特点；

模型选择：选择合适的机器学习算法来训练模型，这个选择取决于问题的性质和数据的特点；

模型训练：利用训练数据来训练模型，使模型能够学习到数据中的规律和模式；

模型评估：评估模型的性能，通常使用测试集来测试模型对新样本的预测能力；

模型优化：根据评估结果对模型进行优化，可以调整模型的参数或者改变模型的结构来提高模型的性能；

预测新样本：利用训练好的模型来预测新样本的输出，这个输出是基于模型学习到的规律和模式的推断。

在机器学习中，不同的算法适用于不同类型的问题和数据。常见的机器学习算法包括逻辑回归、支持向量机、线性回归、决策树、神经网络等算法，从数据中学习到不同的规律和模式，实现对新样本的预测。大数据和机器学习关联度大，二者联系紧密，大数据处理分析能够从大量数据里面发现隐藏的、有逻辑关系的准确的知识，并通过决策来执行。

2.3 基于 Spark + Hadoop 的机器学习算法

Hadoop 技术在分布式平台开发和运行处理大规模数据方面功能强大，Mahout 为一些机器学习算法框架库，但 Mahout 基于 MapReduce 计算框架，不适合处理迭代算法。Spark 技术为基于内存的开源计算，Spark 生态系统在机器学习领域的重要应用 MLlib，具有很多常用算法，实现了 K – means 等多种分布式机器学习算法。基于 Spark + Hadoop 的机器学习算法可以利用 Spark 和 Hadoop 提供的分布式计算和存储资源，来处理和分析大规模的数据。以下是一些常见的基于 Spark + Hadoop 的机器学习算法：

Spark MLlib：MLlib 是 Spark 的机器学习库，提供了多种常见的机器学习算法，如分类、回归、聚类、协同过滤等。MLlib 支持分布式计算，可以利用 Spark 提供的弹性分布式数据集（RDD）或者 DataFrame 来处理大规模的数据。

Hadoop Mahout：Mahout 是一个开源的分布式机器学习库，基于 Hadoop 实现了多种常见的机器学习算法，如协同过滤、聚类、分类等。Mahout 可以利用 Hadoop 提供的分布式计算和存储资源，来处理和分析大规模的数据。

Spark GraphX：GraphX 是 Spark 的图计算库，提供了多种常见的图算法，如最短路径、连通性、图分割等。GraphX 可以利用 Spark 提供的分布式计算和存储资源，来处理和分析大规模的图数据。在机器学习中，图算法可以用于社交网络分析、推荐系统等。

Spark Streaming：Streaming 是 Spark 的实时计算库，可以用于处理和分析实时的数据流。在机器学习中，Streaming 可以用于实时预测、异常检测等。

基于 Spark + Hadoop 的机器学习算法可以利用分布式计算和存储资源，来处理和分析大规模的数据。这些算法可以用于多种应用场景，如推荐系统、自然语言处理、图像识别等。本书探讨 Spark + Hadoop 技术的机器学习的深度和广度提升了大数据分析效率，适应迭代式机器学习模型的特定需求，分析数据中的关系获得规律预测新样本，对数据进行收集、统计和分析。Hadoop 处理技术能存储与处理大数据，但不能满足迭代运算需求；Spark 作为基于内存计算大数据处理平台以其高速、多场景适用的特点成为大数据平台的后起之秀。

2.3.1　Hadoop 技术和 Spark 技术

Hadoop 和 Spark 都是大数据处理的重要技术，它们为大规模数据处理和分析提供了必要的基础设施。Hadoop 的优点是可靠、扩展性强、容错能力强，但性能较低；而 Spark 的优点是性能高、速度快、易用性好，但需要使用内存较多。在实际应用中，可以根据具体需求和场景选择合适的技术或者结合使用。

Hadoop 是一个分布式计算框架，主要包括两个核心组件：分布式文件系统 HDFS 和分布式计算框架 MapReduce。HDFS 为大规模数据提供了分布式存储，而 MapReduce 则为大规模数据处理提供了分布式计算能力。Hadoop 的优点是可靠、扩展性强、容错能力强，能够处理 PB 级别的数据。但是，Hadoop 的缺点是性能较低，处理速度较慢。Hadoop 可以由单台服务器比较容易就能够扩充到数千台服务器。Hadoop 框架最核心的设计部件是为大数据提供存储功能的 HDFS（分布式文件系统）和为大数据提供计算功能的 MapReduce（计算框架）。HDFS 对数据进行分布式储存和读取，能动态弹性扩展存储大规模数据，具有冗余备份特性；MapReduce 计算框架采用分而治之的编程思想，把一个数据处理过程拆分为负责数据过滤分发的 Map 过程和负责数据计算归并的 Reduce 过程，依据规则编写 Map（映射）计算 Reduce（规约）程序，完成计算任务。Hadoop 具有分布式计算与存储功能，可扩展性强，支持 TB 和 PB 级别的超过文件存储，扩充容量或运算时，仅仅通过增加数据节点服务器就可以；采用非结构化数据存储并具有良好的弹性，也可以为不同存储形式、不同数据源数据；采用分布式架构，数据有备份副本，具有良好的可靠性，某一台服务器硬件甚至整个机架损坏，HDFS 仍可正常运行。

Spark 是一个快速通用的计算引擎，专为大规模数据处理而设计。Spark 在 Job 中间输出结果可以保存在内存中，从而不再需要读写 HDFS，因此 Spark 性能以及运算速度高于 MapReduce。此外，Spark 还提供了超过 80 个高阶操作符集合，支持 SQL 查询、流数据、机器学习和图表数据处理。Spark 可以使用多种编程语言进行开发，如 Java、Scala 和 Python。Spark 的优点是性能高、速度快、易用性好，能够处理大规模的数据。Spark 技术主要提供基于内存计算，能快速进行数据分析，具有通用性，是可扩展的分布式计算引擎。Spark 支持数据查询、机器学习等业务场景，业务场景能无缝交叉融合，在不同应用中使用，可以快速构建高性能大数据分析。Spark 是一个开源分析处理大数据平台，基于 Spark 的聚类算法在图像分析、Web 文本分类、生物科学等领域有着广泛的应用，为应对现实环境中复杂的场景，与不同的框架结合使用，发挥了更好的性能。Spark 能快速处理多种场景下的大数据问题，高效挖掘大数据中的价值，为业务发展提供决策支持。Spark 技术读写过程都基于内存，减少了磁盘的读写开销，提高了运算速度。Spark 技术在数据分析时速度快。Spark 技术有 Hadoop 以及 MapReduce 的特点，但 Spark 技术同 MapReduce 不同的地方是不需要读写 HDFS，中间输出的结果保存在内存中。

Spark 与 Hadoop 的联系是，Hadoop 提供分布式数据存储功能 HDFS，提供了用于数据处理的 MapReduce。Spark 借助 HDFS 或者其他分布式文件系统作为数据存储，利用自身的计算引擎对数据进行处理和分析。Spark 和 Hadoop 结合使用，充分发挥各自的优势，提高大数据处理的效率和质量。

2.3.2 基于 Spark 的聚类算法

机器学习利用自我学习算法对人类的学习行为进行模拟或者实现人类的学习行为，为多领域交叉学科融合，是人工智能的核心。基于 Spark 的聚类算法可以利用 Spark 提供的分布式计算和存储资源，来处理和分析大规模的数据。这些算法可以用于多种应用场景，如异常检测、客户细分等。在实际应用中，可以根据具体需求和场景选择合适的聚类算法。常见的基于 Spark 的聚类算法：

K－means 聚类算法：是一种非常常见的聚类算法，它将数据集分成 K 个不同的簇，使每个数据点到其所属簇的中心点的距离最小。Spark 提供了 MLlib 库中的 K－means 类来实现 K－means 聚类算法，可以利用 Spark 的分布式计算能力来处理大规模的数据。

Gaussian Mixture Model（GMM）聚类算法：是一种基于概率模型的聚类算法，它将数据集分成多个高斯分布组成的混合模型。Spark 提供了 MLlib 库中的 GaussianMixture 类来实现 GMM 聚类算法，可以利用 Spark 的分布式计算能力来处理大规模的数据。

Mahout 是开源机器学习算法框架库，实现了机器学习领域如推荐算法（协同过滤）、聚类算法和分类算法等经典算法。Mahout 是基于 MapReduce 计算框架编写的机器学习库，使用 HDFS 技术在云基础架构上实现对大数据的存储要求，但 I/O 资源消耗过大造成系统整体性能降低，不适合处理迭代算法。聚类算法把具有相同或者相似特征的无标签的数据对象划分为同一簇，同一簇的数据对象在特征上尽可能相近或相似，不同簇的数据对象尽可能不同或相异，并且每个数据对象要保证只能划分在同一簇。

K－means 是常用的聚类算法，算法执行过程中，首先选取要分析的数据空间的 K 个数据对象作为中心点，每个数据对象代表一个聚类中心。给出一个初始的分组方法，在分组中选取聚类中心点，再反复迭代改变分组，更改新的聚类中心点，每一次改进之后的分组方案都较前一次好。通常使用欧氏距离的多次迭代，达到最优解。MLlib 是 Spark 生态系统在机器学习领域的重要应用，是 Spark 的机器学习库，提供了很多常用机器学习算法的分布式实现，如聚类、分类、回归等。Spark MLlib 扩展性强、运行速度快，充分利用 RDD 的迭代优势对大规模数据应用机器学习模型，与 Spark Streaming、Spark SQL 协作开发应用，让机器学习算法在基于大数据的预测、推荐和模式识别等方面应用更广泛。

2.3.3　基于 Spark + Hadoop 的机器学习

机器学习从大量数据中获取经验并且改善性能的方法，是数据挖掘常采用的学习方法，从而实现某种程度的人工智能。机器学习主要基于统计学习 SVM、分类算法 NaiveBayes、聚类算法 K - means 等各种算法，计算现有数据，对计算结果进行分析，分析更高级别的数据，实现预测趋势。基于 Spark + Hadoop 的机器学习可以利用 Spark 和 Hadoop 提供的分布式计算和存储资源，来处理和分析大规模的数据。常见的基于 Spark + Hadoop 的机器学习应用场景如下：

推荐系统：是一种非常常见的机器学习应用场景，通过分析用户的历史行为和数据，来预测用户的兴趣和偏好，为用户提供个性化的推荐。基于 Spark + Hadoop 的推荐系统可以利用 Spark 的 MLlib 库和 Hadoop 的分布式存储能力，来处理和分析大规模的用户数据和行为数据，提高推荐系统的性能和准确性。

自然语言处理：是一种处理人类语言文本的机器学习应用场景，通过分析文本的语言特征和语义信息，来完成文本分类、情感分析、问答系统等任务。基于 Spark + Hadoop 的自然语言处理可以利用 Spark 的分布式计算能力和 Hadoop 的分布式存储能力，来处理和分析大规模的文本数据，提高自然语言处理的性能和准确性。

图像识别：是一种处理图像数据的机器学习应用场景，通过分析图像的特征和模式，来完成图像分类、目标检测等任务。基于 Spark + Hadoop 的图像识别可以利用 Spark 的分布式计算能力和 Hadoop 的分布式存储能力，来处理和分析大规模的图像数据，提高图像识别的性能和准确性。

欺诈检测：是一种通过分析用户行为和交易数据来识别欺诈行为的机器学习应用场景。基于 Spark + Hadoop 的欺诈检测可以利用 Spark 的分布式计算能力和 Hadoop 的分布式存储能力，来处理和分析大规模的用户行为和交易数据，提高欺诈检测的性能和准确性。

基于 Spark + Hadoop 的机器学习可以利用分布式计算和存储资源，来处理和分析大规模的数据。这些应用场景可以涵盖多个领域，如推荐系统、自然语言处理、图像识别、欺诈检测等。在实际应用中，可以根据具体需求和场景选择合适的机器学习算法和技术。

机器学习数据处理时，Spark 中基本的数据抽象 RDD（Resilient Distributed Dataset）有效降低 I/O 资源消耗和容错能力的开销，Spark + Hadoop 处理技术的机器学习扩充了样本的数量，使数据价值能够最大化的发挥出来，从大规模、复杂结构的数据中通过大数据处理分析隐藏在数据中的内在规律，适应了迭代式机器学习模型的特定需求。

2.4 RNA - Seq 数据分析

RNA - Seq（转录组测序技术）是一种利用高通量测序技术进行测序分析的方法，可以反映出 mRNA、smallRNA、noncodingRNA 等或者其中一些的表达水平，RNA - Seq（转录组测序技术）已成为研究基因表达的重要实验手段，比较不同样本中基因标的差异，为解决后续的生物问题提供了定量的分析依据。RNA - Seq 数据分析主要步骤包括：数据质量控制，对原始测序数据进行质量评估和控制，包括去除低质量、污染、接头污染等数据；序列比对，将经过质量控制的序列比对到参考基因组或转录组上，确定序列在基因组上的位置；基因表达量计算：根据比对结果，计算每个基因的表达量，通常使用 RPKM、FPKM、TPM 等指标进行量化；差异表达分析，比较不同样本或不同条件下基因的表达量差异，找出差异表达的基因；功能注释和富集分析，对差异表达的基因进行功能注释和富集分析，了解这些基因参与的生物学过程和通路；可视化，将分析结果以图表等形式进行可视化展示，方便解读和分析。在 RNA - Seq 数据分析中，常用的工具包括 TopHat、Hisat、Cufflinks、DESeq2、edgeR 等。随着技术的不断发展，RNA - Seq 数据分析的方法也不断改进和完善，为生物学研究提供了更多的信息和视角。

目前已有的标准化评估方法有定性直观描述标准化前后数据分布，定量的经验统计分析（如 K - S 检验和均方误差等）。Tomlins 等人提出的对癌症样本子集差异基因表达检测的统计方法，COPA 方法、OS 方法、ORT 方法、PPST 方法、F 方法、OF 方法、ORF 方法等七种基于分位数的差异基因表达检测方法，基于加权变点统计量的 WCPS（Weighted Change Point Statistics）方法以寻找差异基因表达谱分布的变点，从而达到检测差异表达基因的目的。当大数据分析的精度越来越高时，对于整个疾病发生过程的了解也会越来越深入，有了“大数据分析”这项利器，更多的精准治疗方案将会产生，帮助人们做出更好的选择。

2.5　RNA 转录组的高通量全测序

2.5.1　高通量测序技术

相对于 20 世纪 70 年代的 DNA 测序技术，如在进行人类基因组计划时表现出的测序通量低，并且耗时费力。2005 年开始，新一代测序技术应用而生，如 Illumina 公司的 Solexa 技术等，测序通量高、时间和成本也明显下降了，又称为深度测序技术。

2.5.2　RNA – Seq 或 RNA 测序

RNA – Seq 又称为转录组测序技术，用高通量测序技术进行 cDNA 测序，全面快速地获取某一物种特定器官或组织在某一状态下的几乎所有转录本，把有关信使 RNA 和非编码 RNA 等序列测出来，并反映它们的表达水平。连接基因组遗传信息与生物功能的蛋白质组的纽带是转录组，转录组水平是生物体最重要的调控方式。作为新一代高通量 DNA 测序技术，RNA 测序（RNA – Seq）技术产生的大数据成为基因表达和转录组分析的重要手段。RNA 测序在全基因组范围内以单碱基分辨率检测和量化转录片段，信噪比高、分辨率高，应用范围更为广泛。

2.5.3　RNA 转录组的高通量全测序

RNA 转录组的高通量全测序，也叫 RNA – Seq，是一种利用高通量测序技术进行全面测序分析的方法。通过对 mRNA 逆转录生成的 cDNA 序列进行测序，获得样品中 RNA 的信息。这种方法可以研究特定细胞在某一功能状态下转录出来的所有 RNA 的类型与拷贝数，包括 mRNA 和非编码 RNA。RNA – Seq 技术可以应用于真核转录组测序（mRNA）、长链非编码 RNA 测序（lncRNA）、环状 RNA 测序（circRNA）等多种类型的研究。实际研究中，除了待研究的转录本，往往需要测定多个其他不同的转录本用于作对照组，发现基因表达的异常，阐述背后的生物学意义。

2.5.4　Hadoop 云计算框架设计实现 RNA – Seq 大数据分析流程

云计算已经在众多大数据分析作业中已经有了很多的应用，这些应用及其相关工作充分说明了云计算在生物信息大数据分析中可以大有作为。本项目拟采用流行的 Hadoop 云计算框架开发应用程序，采用 Hadoop 云计算框架设计实现 RNA – Seq 大数据分析流程。Hadoop 云计算框架可以实现 RNA – Seq 大数据分析流程如下：

数据准备：将 RNA - Seq 测序数据上传到 Hadoop 分布式文件系统中（HDFS），并进行数据质量控制和预处理，例如去除低质量、污染、接头污染等数据。

序列比对：使用 Hadoop MapReduce 框架进行序列比对，将经过质量控制的序列比对到参考基因组或转录组上，确定序列在基因组上的位置。常用的比对工具包括 TopHat、Hisat 等。

基因表达量计算：根据比对结果，使用 Hadoop MapReduce 框架计算每个基因的表达量，通常使用 RPKM、FPKM、TPM 等指标进行量化。

差异表达分析：使用 Hadoop MapReduce 框架进行比较不同样本或不同条件下基因的表达量差异，找出差异表达的基因。常用的差异表达分析工具包括 DESeq2、edgeR 等。

功能注释和富集分析：对差异表达的基因进行功能注释和富集分析，了解这些基因参与的生物学过程和通路。常用的功能注释和富集分析工具包括 GO、KEGG 等。

可视化：将分析结果以图表等形式进行可视化展示，方便解读和分析。常用的可视化工具包括 R、Python 等。

在 Hadoop 云计算框架中，可以使用 Hadoop 分布式文件系统（HDFS）存储大规模 RNA - Seq 测序数据，使用 Hadoop MapReduce 框架进行序列比对、基因表达量计算、差异表达分析等功能，利用云计算的弹性、可扩展性、高可靠性等特点，提高 RNA - seq 大数据分析的效率和准确性。

将云计算的理念、模型以及设计框架用于解决生物信息学中 RNA - Seq 转录组数据的问题。和其他大数据分析领域不同，生物信息学有着独有的特点，包括数据的存储、数据的访问和结果的展示等。选取其中常见的 RNA - Seq 分析任务，从而确定需要实现的分析流程子模块。同时考察各个任务的输入输出，按照合理顺序排列需要完成的子模块，构建流程。可以在已有分析软件的基础上设计和实现基于云计算的相应算法，并且可以将结果和传统软件进行对比，确定各个模块的正确性。基于云计算框架 Hadoop 设计实现已经确定的子模块，根据已有的算法，重构出对应的 MapReduce 算法。构建分析流程软件的主程序，连接各个子模块的输入输出，使用实际的 RNA - Seq 数据测试程序。这部分测试数据主要来源于网络上公开的数据集（如 NCBI 的 SRA 数据库等）。收集测试过程中程序的运行时性能指标，评价项目主要成果。其技术路线如图 2 - 1 所示。

2.5.4.1 任务模块

总结 RNA - Seq 数据分析流程中的常见任务模块和可视化结果展示方式。任务模块的选择范围主要包括：RNA - Seq 转录组原始数据的清洗、短片段的 Mapping、基因表达量的计算（RPKM 值）、差异表达基因分析、转录组中非编码 RNA 的鉴定与分析、基于转录组的 SNP 分析、基于转录组的从头基因预测、真核生物可变剪切分析、融合基因的鉴定、基于 GO 和 KEGG 的功能分析等。

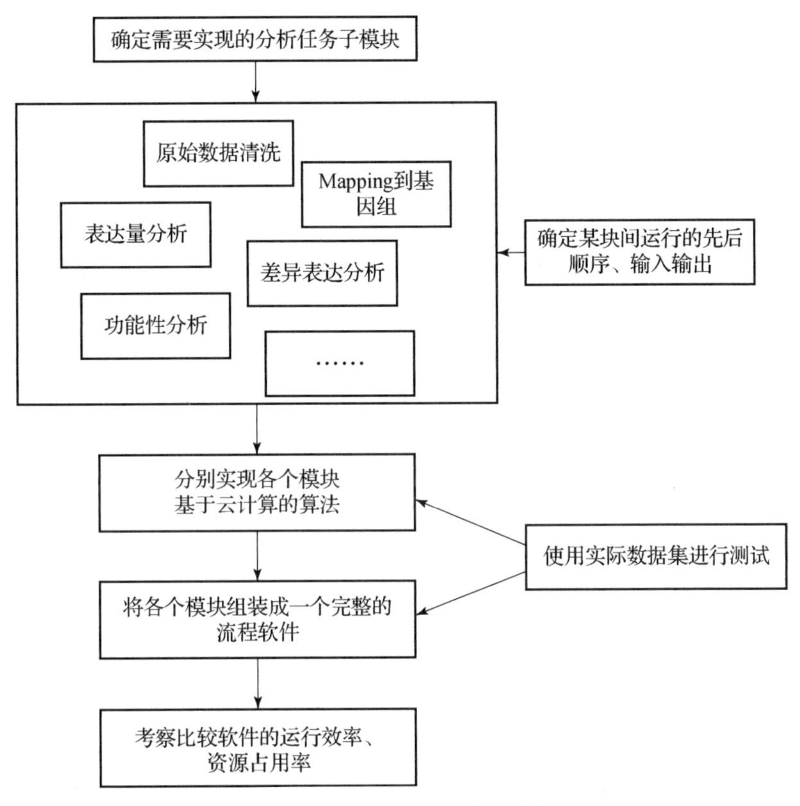

图2-1 基于云计算的RNA-Seq数据分析流程技术路线

2.5.4.2 Hadoop作为云计算框架设计算法

在现有软件的基础上，设计并实现对应模块适合云计算的算法。目前只有少量的RNA-Seq转录组分析任务已经有基于云计算的算法，其中主要包括差异基因表达分析和SNP鉴定，对于其他大量的分析任务而言，必须重新设计算法实现。本项目将采用Hadoop作为云计算框架，所以各个任务的算法必须符合MapReduce的编程模型。Hadoop框架Apache在2009年提出的一个云计算的参考实现框架。到目前为止，绝大多数的云计算数据分析软件都是利用Hadoop实现的。Hadoop分为MapReduce和Hadoop Distribute Filesystem（HDFS）两个模块。HDFS则是与其相配套的一个分布式文件系统，高可用性和分布式存储是其主要特点，即使底层不适用RAID阵列，也可以保证数据的稳定和安全。

2.5.4.3 组装分析流程

标准化各个模块的输入输出形式，开发分析流程的主程序，用于按顺序调用各个任务子模块，最终整合成一套完整的分析流程，用户只需提供原始数据，并设置必要参数，运行后即可得到分析结果，运行过程中无须人工干预或者协调各个模块。

2.5.4.4　数据可视化

对分析结果的可视化展示输出（图片、图表等），使之可以直接用于用户的论文写作之中，如用于统计原始数据质量的相关图表、Mapping 结果质量的直方图、注释结果分类的饼状图、GO 分析结果图、KEGG pathway 图等。

2.5.4.5　分析性能

将各个模块分别与传统的分析软件做对比，分析其运行效率和系统资源占用情况，使用户了解云计算所带来的性能提升，这样才能真正愿意使用本软件。

2.5.5　生物信息学用云的方式来解决存储和分析等问题

云计算正是一种通过 Internet 以服务的方式，提供动态可伸缩、虚拟化的资源计算模式，生物信息学可以利用云计算来解决存储和分析等问题，主要体现在以下几个方面：大规模数据存储，生物信息学涉及的数据量通常非常大，云计算可以提供大规模、分布式的存储资源，满足生物信息学对大规模数据存储的需求；高性能计算，云计算可以提供基于 Web 的软件系统，与多个生物信息学算法集成，实现更高性能的数据分析。同时，云计算中的弹性计算资源可以根据需求动态扩展或缩减，满足生物信息学对高性能计算的需求；实时数据处理，云计算可以提供实时数据处理的能力，使生物信息学可以及时处理和分析大规模的数据，加快研究进程；全球通信能力，云计算可以提供全球通信能力，使生物信息学的研究人员可以方便地进行跨国合作和数据共享；降低成本，云计算可以提供按需付费的模式，使生物信息学的研究人员可以根据实际需求来使用计算资源，避免资源的浪费，降低研究成本。生物信息学可以利用云计算来解决存储和分析等问题，提高研究的效率和准确性，降低成本，在实际应用中，生物信息学的研究人员可以根据实际需求来选择合适的云计算服务和工具。如何应对生物信息大数据带来的新挑战，成为生物信息学当前的一个重要命题。

对于云计算处理的问题，计算机科学中已经有了重大进展，把分布式数据存储和并行云计算技术应用到生物信息学集成中，用于实现离散的生物信息系统中各类异构数据信息的集成、共享、有效整合及应用，构建生物信息整合中心原型，对集成方法的有效性进行验证。利用新近提出的云计算的理念，把大数据存放于分布式文件系统中，采用 MapReduce 并行编程模型，可以很大程度上解决大数据的分析问题。相对于传统的数据分析平台，云计算平台更加容易使用，相关的计算资源也可以通过公网合理高效地分配给众多科研人员使用。MapReduce 是一种极具表达力的并行程序设计范式，有着高度的并行性，非常适合大数据的环境要求，内部模块主要包括了数据分片、任务失败控制和节点通信等。MapReduce 可以最大程度上减少计算节点间的消息传递和数据传输。

2.5.6　云计算理念提升了分布式并行计算解决大数据问题

对 RNA－Seq 数据分析软件的研究与开发一直是生物信息学中的研究热点。对于各个分析任务，也都有传统的分析软件可以完成各个工作，如 Bowtie、Tophat 和 Cufflinks 等。也有一些研究人员将这些软件通过脚本程序组装成分析流程，如 PRADA、wapRNA 等。然而由于使用 OpenMP 或者 Pthread 这样传统的并行模型，它们无法运行于云计算平台之上。云计算理念的出现，使分布式并行计算在解决大数据问题时的可用性和易用性得到了极大的提升和扩展。终端用户不必再关心计算的内部细节，只需要将数据提交，制定出最终目标，云计算平台就可以将数据分析的结果返回给用户，减少了用户花在数据处理中琐碎细节上的时间，大大提高了科研和工作效率。

第3章　云平台与大数据及相关算法

随着信息化时代的到来，数据成了最为宝贵的资源，各行各业可处理的数据以指数形式增长，包括电子商务网站的各种商务数据、银行的各种业务数据以及生物体的各种基因组数据等，这种爆炸式的数据增长，很难在已有的平台中得到有效的处理。目前，Hadoop平台是在大数据中挖掘出有用信息一种相对高效率的并行化新技术，使用MapReduce（MR）编程框架，数据量越大，这种技术越能体现出其独特的优势。

3.1　统计学、人工智能和机器学习

在现今的大数据背景下，人工智能、机器学习、数据挖掘这三个名词频繁出现，但是很少有人清楚地知道它们的联系与区别，在这首先根据查阅的资料说一下这三者之间的关系。数据分析的基础是统计学。统计学起源于1749年，用于表征信息。起初，人们利用统计学衡量国家经济水平和用于军事的资源。后来，统计学开始用于大规模数据处理中。人工智能（AI）具有经典和现代两种类型。经典的人工智能一般存在于古时的故事和著作中。20世纪90年代才出现了现在的人工智能，意思是机器可以拥有人类的部分智慧，自动地完成某些功能。而机器学习（ML）作为AI（Artificial Intelligent）的分支，它的目标在于使机器不通过编程和明确的硬件接线就可以自己学习进而对目标求解。

统计学、人工智能、机器学习是高度相互依赖的三种技术，只有应用到相应的领域中，才能实现它们存在的价值。而数据挖掘是利用这三种技术，真实地解决现实中不同领域内同一性质的问题。其中，机器学习是利用自我学习算法的一门学科，这类算法是通用的，在很多领域的相似问题上都可以使用。数据挖掘是机器学习中较实用的一类应用算法，利用自己领域的数据来解决自己领域相关的问题。

目前，数据信息是科研院所、企业等的重要资源，是其问题研究、决策分析与运用科学管理的基础。很多科研院所、企业不惜耗费各种资源来构建自己的数据业务和自动化系统，来存储和处理各种相关的事务数据，例如，地理遥感信息、基因组数据等。据查阅资料显示，每隔1年时间数据量就会翻倍，这些数据通常隐含着巨大的商业与科研价值。然而，科研院所和企业只关注了不到5%的数据量，极大地浪费了数据资源的价值，例如，

时间、资金的消耗并没有有效地解决问题、无法把握制定关键决策和得出研究结果的最好时机。科研院所等如何通过各种技术手段，把数据处理成可以使用的信息、知识，成为提高其竞争力的关键所在，机器学习算法在解决这类问题方面起到了至关重要的角色。

随着数据量呈现爆炸式的增长，目前的技术及工具都很难满足大数据量的分析。所谓大数据量分析就是数据量满足四个大V的条件，即大量化（Volume）、多样化（Variety）、快速化（Velocity）和大价值（Value）。在大数据量上应用数据挖掘技术，将待处理的数据自动与智能的转化为有用的信息或者知识，为人们提供分析预测和决策支持等。大数据量的分析研究不仅与DB、数据仓库和因特网等技术的发展紧密相关，同时计算机性能及其体系结构的发展、统计学和人工智能等在大数据分析中也起到至关重要的作用。本文重点研究与数据分析有关的后一种。

在实际应用中，使用机器学习技术和方法来解决数据问题，已被多个领域所应用，如我们所熟知的使用协同过滤（CF）实现的个性化推荐系统、自然语言处理（NLP）、机器翻译、模式识别、智能控制、金融反欺诈等。推荐系统的经典应用有：在天猫、淘宝、亚马逊购物时，系统可根据以往购物历史记录推荐你潜在所需购买的物品，啤酒与尿布已作为具体的应用实例被广泛使用。典型的机器学习系统建立过程一般包括这几步，最原始数据的提取、转换、加载（Extract、Transform、Load，ETL），数据预处理，特征指标提取，模型训练与交叉验证，新数据预测等。其中，构建数据仓库过程中，ETL是最为关键的步骤。最后将数据按照预先定义好的数据仓库模型加载到数据仓库中，形成如图3－1所示的原始数据，再经过一系列的处理最终成为信息或知识，作为决策判断的标准。

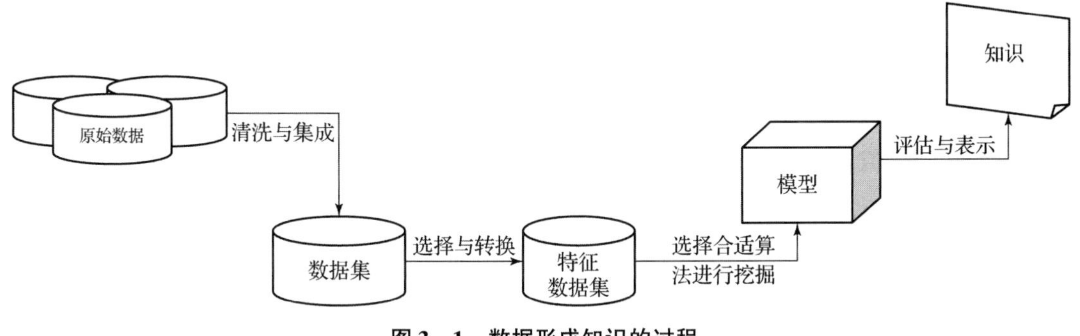

图3－1　数据形成知识的过程

工具方面，随着数据量的大幅增长，目前的单机系统性能很难满足对大数据量的分析需求，计算机体系结构的研究使云计算技术应运而生，在针对机器学习方面，先后出现了Mahout机器学习库和Spark MLlib，Mahout机器学习库是使用MapReduce框架编写而成，虽然在云平台上使用HDFS满足大数据量的存储，但是机器学习算法本身的迭代机制与

MapReduce 的数据处理输出再处理运行模式使 I/O 消耗资源过多，系统整体性能下降。为了解决这一问题，目前基于 RDD 的 Spark 框架的出现成了数据分析研究热点，同时解决了 Mahout 在使用迭代算法处理数据的缺陷。

3.2 云平台下的数据挖掘现状

Hadoop 技术是最近几年在分布式领域研究的热点平台，易于开发和运行处理大规模数据，其主要包括两部分：MapReduce 编程框架和 Hadoop 分布式文件系统（HDFS）。MapReduce 操作中，Map 函数把 Input 分解成中间的 Key/Value 对，Reduce 函数将 Key/Value 对进行处理，最终 Output。HDFS 具有高容错性，并可以部署在多台普通的计算机上，使用流的形式访问程序中的数据。另外，它访问数据具有高传输率，适合运行有着超大规模数据集的应用程序。Hadoop 具有扩容能力强、成本低、效率高和可靠性强等特点。当科研院所和企业能够获得充足的资金资助之后，从用户输入数据中自动、智能的学习的应用程序将会更为常见，如 2016 年 3 月一款围棋人工智能程序阿尔法围棋（AlphaGo），根据自我的学习能力战败了韩国围棋高手。无论是根据学习能力找出一群人（数据）的共性还是自动的标记海量 Web 内容等角度来看，人们对 ML 算法技巧（比如协作筛选、聚类和分类）的需求都会迅速增长。

Mahout 是最近几年新兴技术之一，功能类似于 Lucene，其中为一些机器学习算法框架库。但是 Mahout 是基于 MapReduce 计算框架，不适合处理迭代算法。而后出现了基于 RDD 的 Spark 计算框架。

基于内存的 Spark 框架在大数据处理领域具有关键的作用。2014 年，Spark 盛行于互联网，根据 Twitter 资料显示，Spark 在大数据处理领域中成了最热门的分析工具，如图 3-2 所示。紧接着，2015 年 6 月，IBM 为了推进 Apache Spark 开源软件项目，提出了“百万数据工程师计划”，该项目以数据为主导，计划在全球十余个实验室培养超过 3 500 名研发人员开展与 Spark 相关的项目，同时间接影响超百万的数据科学家和工程师，并为 Spark 开源生态系统提供突破性的 ML 技术——IBM System ML。迅速发展的 Spark 框架比 Hadoop 灵活实用，降低了延时处理，提高了性能、效率与实时性，同时基于 Spark 自身不具备云平台上任务调度的功能，依赖 YARN 或其他的第三方进行资源管理也可以很好地与 Hadoop 结合使用。

基于 RDD 的 Spark 再加上其日益完善的工具包 Spark MLlib、Spark SQL、Spark Streaming、GraphX 等组件组成，成功解决了很多大数据量的问题，其相应的生态环境包括 Apache Zeppelin 等可视化方面，也在迅速发展。不像 Hadoop 将数据写入磁盘，Spark 读写

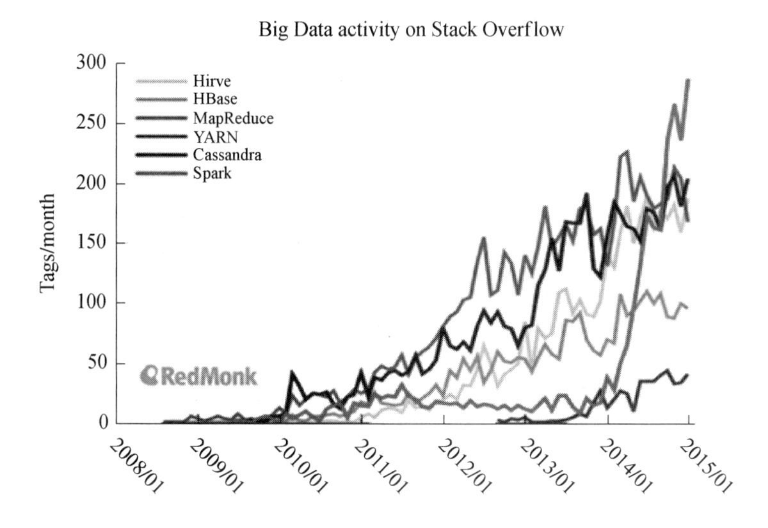

图3－2　数据处理工具活跃程度

过程都是基于内存，减少了I/O时间的消耗，因此速度很快。另外DAG（有向无环图）作业调度系统的宽窄依赖让Spark速度提高，Spark技术成了大数据分析的研究热点。

基因组数据在云平台上的实现也是国际研究热点，最近召开多个生物方面国际会议，宜在建立统一的基因组云平台数据库，很多国家的参会代表都探讨了在大数据时代，基因组数据在云平台上实现的必要性。

3.3　相关技术

随着大数据研究分析的火热化程度逐渐递增，云平台的相应技术也在飞速发展，技术更新换代也在情理之中。云平台由最初的仅有Hadoop，发展到由YARN作为资源管理的Hadoop，使用MapReduce编程框架和HDFS存储，到现在的在Hadoop YARN基础上引入Spark框架来构建大数据云平台，Spark核心内容为Spark SQL、Streaming、MLlib、GraphX等。这些技术有着完善的容错机制，根据查阅资料显示图3－3所示为最近最流行的云平台搭建架构，其中，Kafka在一些企业新的云平台架构中作为日志聚集存储地。

云平台架构具有廉价、弹性强、容错好、实现简单、运行快等优点，已在学术界和商业界开始流行，成为很多高校、科研机构、企业的基础性研究平台。在学术界，中国科学院将云平台作为分布式数据存储平台，利用机器学习算法来解决含有大数据量的数据挖掘和分析等问题，例如地理遥感信息、基因组信息、空间信息等；在商业界，百度、阿里巴巴、雅虎等公司也将核心的数据存储、处理和分析放在云平台上；传统的医疗、教育行业也开始着手云平台，例如最近流行的医疗改革和MOOC（大规模的网络开放课程）也开始利用云平台技术进行资源的存储、挖掘、分析。基于云平台的实时性、稳定性，一些高、

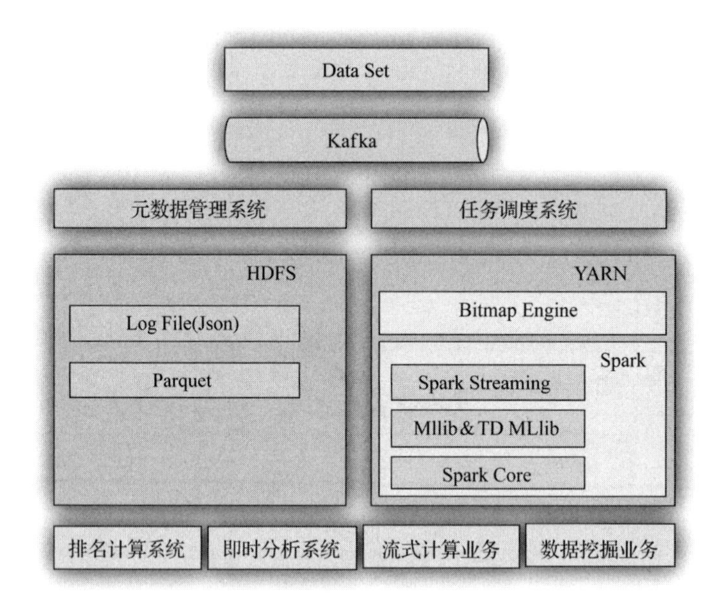

图 3－3 Spark 和 YARN 结合云平台

精、准的项目利用该平台系统的数据实时采集→算法实时训练→系统实时预测过程解决问题。

3.3.1 MapReduce 框架

MapReduce 是一个分布式计算框架，主要是使用集群方式对海量数据进行并行化计算，其基本思想是分而治之。Google 公司受到函数式编程语言（如 LISP、Haskell、Scheme 等）启迪，率先提出了 MapReduce 技术。MapReduce 计算框架主要有两个过程：Map 过程与 Reduce 过程。当用户向 MapReduce 计算框架提交一个作业时，首先作业被分成若干个独立的数据块，存储在 HDFS 上，由多个 Map 过程处理，将一组 <key，value> 对映射成一组新的 <key，value> 对，相同 key 值的 <key，value> 对作为 Reduce 过程的输入，执行相应的操作。MapReduce 处理过程如图 3－4 所示。

$$(key_1,\ value_1) \xrightarrow{\text{Map}} (key_2,\ value_2)$$
$$(key_2,\ list(value_2)) \xrightarrow{\text{Reduce}} (key_2,\ value_3)$$

图 3－4 MapReduce 处理过程

MapReduce 的计算流程由 Input、Map、Shuffle、Reduce、Output 五部分构成。

（1）Input：将要处理的大数据文件上传到 HDFS 上作为输入目录，再将该数据文件划分为若干独立数据块，最后将数据信息交给 Map 任务进行读取。

（2）Map：创建 Mapper 实例，由用户自定义编写代码，对由上一步提交的数据进行第一步处理，将处理后的数据以 <键，值> 对形式输出。

（3）Shuffle：对所有 Map 相同 key 值的数据进行整合，减少中间过程输入输出所耗的时间，提高整体性能。

（4）Reduce：创建 Reducer 实例，由用户进行自定义编写代码，对中间数据做进一步的处理。

（5）Output：将数据经过一系列处理后的最终结果输出到 HDFS 上指定的位置进行存储。

图 3－5 所示为 MapReduce 计算流程。

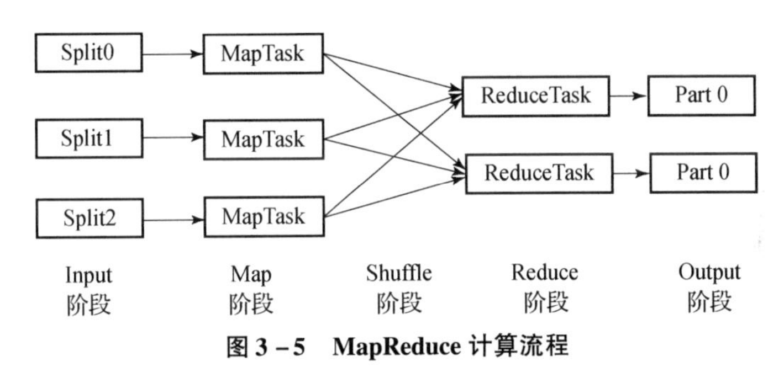

图 3－5　MapReduce 计算流程

3.3.2　HDFS 存储

HDFS（Hadoop Distribution File System）即 Hadoop 分布式文件系统，该存储系统面向大规模数据存储处理，扩展性、伸缩性强，同时，该系统不需要依赖高性能服务器，使用多台廉价的普通机器搭建集群即可为客户提供高性能的服务。

在容错方面，HDFS 文件系统集群由很多的普通机器组成，具有质量一般、机器数量大等特性。在使用时，集群极易出现各种软、硬件上的故障，考虑到各个方面，HDFS 文件系统加入了持续监控、异常检测、冗余备份及恢复机制等解决方案；在文件的读写方面，为了保证数据的原子性操作，HDFS 文件系统对每个文件一次只允许一个写入者；在文件的大小方面，HDFS 系统一般处理数以亿计的 GB 或者 TB 级别的文件，同时也可处理数以亿计的小文件；吞吐量方面，众所周知，HDFS 文件系统设计目的之一便是处理大数据量，所以，具有牺牲其低延迟性来获得高吞吐量等特性。

在 Hadoop 集群中，一般由一个 NameNode 节点和多个 DataNode 节点组成，NameNode 节点在 Master 机器上，Master 机器也可同时作为 DataNode 节点，Slaves 机器都作为 DataNode 节点。NameNode 节点可以管理 DataNode 节点。在大集群中，通常还有一个 SecondaryNameNode 节点，其功能为 NameNode 节点的备份。图 3－6 所示为具体 HDFS 体系结构。

NameNode 用来存储管理文件系统的元数据，包括名字空间、读写控制和文件块位置映射等信息而并不存储数据。大数据文件常被分为若干个数据块（默认大小为 64 MB）存储在 DataNode 上。给出块标志和字节偏移量，即可读写需要的数据。为了避免机器故障出现数据

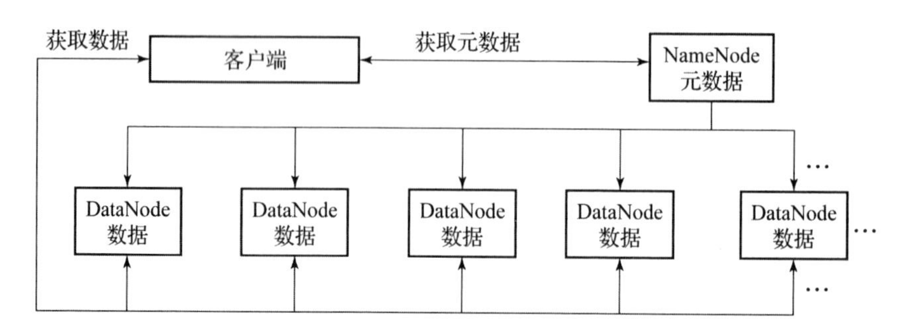

图 3-6 具体 HDFS 体系结构

丢失，数据块同时也会备份到其他 DataNode 上，便于数据恢复。默认为 3 份，一份存储在与原数据节点处于同一 Rack 的数据节点上，另一份存储在不同 Rack 的数据节点上。另外，NameNode 不仅管理元数据，还处理文件系统其他工作，如文件块租用、回收及迁移等。

3.3.3 Mahout 技术

Apache Mahout 由 Grant Ingersoll 创建，主要目的是便于机器学习算法的更方便快捷地在 MapReduce 框架下实现。由 Apache Software Foundation（ASF）研发作为 Apache 的开源项目供开发人员使用，Mahout 的出现使机器学习算法具有更强的可伸缩性。Apache Lucene 社区中，有很多对 ML 感兴趣的一些技术人才，他们希望将一些常用的聚类、分类机器学习算法整合成一个完整、可靠、可伸缩的项目，于是出现了后来的 Mahout 项目。

Apache Mahout 通过使用 Hadoop 平台，可以很容易地扩展到云平台中。

Mahout 含有很多分布式机器学习算法，如表 3-1 所示，包括常见的称为 Taste 的分布式 CP 的实现、分类、聚类和进化程序等，是一个强大的大数据处理工具。Mahout 优点在于它是基于 MapReduce 模式实现的，运行于 Hadoop 平台上，把以前在单机上运行的算法转变为了并行处理，很大程度上提高了算法可处理的数据量与运行速度。

表 3-1 Mahout 实现的机器学习算法

算法类	算法名	中文名
分类算法	Logistic Regression	逻辑回归
	Bayesian	贝叶斯
	SVM	支持向量机
	Perceptron	感知器算法
	Neural Network	神经网络
	Random Forests	随机森林

续表

算法类	算法名	中文名
聚类算法	Canopy Clustering	Canopy 聚类
	K - means Clustering	K 均值聚类算法
	Fuzzy K - means	模糊 K 均值
	Expectation Maximization	EM 聚类（期望最大化聚类）
	Mean Shift Clustering	均值漂移聚类
	Hierarchical Clustering	层次聚类
	Dirichlet Process Clustering	狄里克雷过程聚类
	Spectral Clustering	谱聚类
关联规则挖掘	Parallel FP Growth Algorithm	并行 FP Growth 算法
回归	Locally Weighted Linear Regression	局部加权线性回归
维约简	Singular Value Decomposition	奇异值分解
	Principal Components Analysis	主成分分析
	Independent Component Analysis	独立成分分析
	Gaussian Discriminative Analysis	高斯判别分析
协同过滤	Non - distributed Recommenders	非分布式
	Distributed Recommenders	分布式
向量相似度计算	RowSimilarityJob	计算列间相似度
	VectorDistanceJob	计算向量间距离
非 Map Reduce 算法	Hidden Markov Models	隐马尔可夫模型
集合方法扩展	Collections	扩展了 java 的 Collections 类

Mahout 使用 MR 计算框架模型进行处理数据，MR 处理数据流程如图 3 - 7 所示。

MR 与 MR 之间和 MR 内在做 Shuffle 处理时出现的中间数据，一般存储在 HDFS 上，使用数据时需要访问该存储系统，尤其在使用迭代算法时，加大了 I/O 的操作，增加了资源的消耗和时间的开销，而 Spark 技术将中间数据存储在 RDD 上，从而降低了 I/O 的开销。

3.3.4 Spark 技术

Apache Spark 是一个可以快速进行大规模数据处理的通用引擎，被看作是快速的轻量

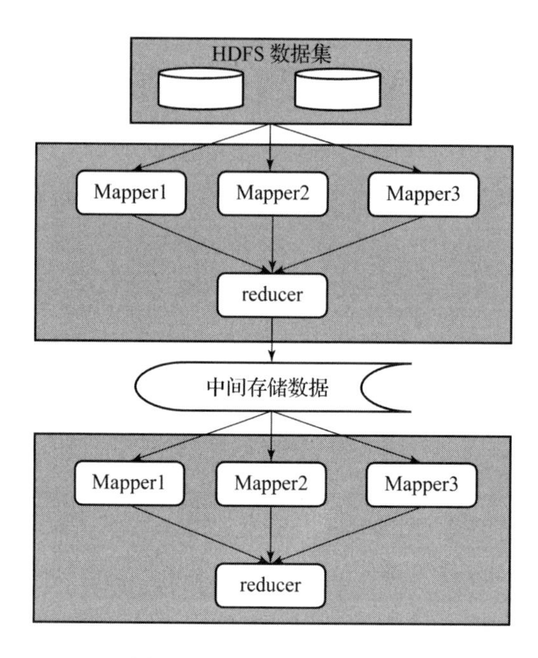

图 3-7 MR 处理数据流程

级集群计算技术，由加州大学 Berkeley AMP（Algorithms，Machines，People）Lab 研发，与其开源的 Hadoop MapReduce 具有通用的并行框架，但是又优于该框架。Spark 具有快速的特点，运行内存中的程序比 Hadoop MapReduce 快 100 倍，若程序在磁盘中，则也快 10 倍；Spark 具有易使用特点，兼容了 Java、Scala、Python 和 R 语言，同时整合了 Spark Streaming、MLlib、SQL、GraphX 等构件，可以用来快速地构建高性能大数据分析智能应用程序。

Spark SQL 是用来处理结构化数据的模块；Spark Streaming 可以很容易地构建可扩展的、高容错性的流应用程序；Spark GraphX 用于图像处理和图像并行化计算；而本书重点使用的 Spark MLlib 是类似于 Mahout 的可扩展的机器学习算法库，具有很多常用算法，扩展性强、运行速度快等优点。

之所以出现 Spark MLlib，是因为 Spark 不仅具有 Hadoop 的优势，同时又拥有自己的独特之处，Spark 是基于 RDD（Resilient Distributed Datasets）内存的计算框架，作业的中间输出结果可以保存在 RDD 中，从而中间操作不再需要读写 HDFS，减少了 I/O 等资源的消耗，因此 Spark 相较于 Mahout 能更好地适用于迭代的机器学习算法。

虽然 Spark 与 Hadoop 有着类似的开源集群计算环境，但也有一定的差异。Spark 启用了 RDD 内存分布数据集，不仅可以进行交互式查询，还优化了迭代计算负载。另外，Spark 的原生语言为 Scala，而 Scala 是一种易于操作分布式数据集的语言，程序更加容易并行化。

Spark 的出现是对 Hadoop 的完善，可以通过第三方集群框架 Mesos、EC2 或者 YARN

部署在 Hadoop 集群中，快速并行地处理分布式数据集的迭代计算。同时，也可以使用自带的 standalone 集群模式。可以访问 HDFS、Cassandra、HBase、Hive、Tachyon 和任何 Hadoop 的数据源。

Spark 运行模式有本地和分布式两种，作业执行有任务调度和执行两个部分，执行部分详细在 4.1 节中介绍。不论哪种模式，其内部程序都具有相似逻辑结构，只是本地模式有些 Module 更加简单，如集群管理 Module 在本地模式中被简化成为进程内部的 Thread Pool。

相关技术总结，2004 年，Google 发表的 MapReduce 论文掀起了大数据处理的热潮，在过去的 12 年，基于 Hadoop 的 MapReduce 框架成了大数据云计算的代名词。为了大数据程序更容易的智能执行，开发了基于 MapReduce 框架的 Mahout 机器学习库，但 Mahout 具有迭代算法性能降低的局限性。2012 年，Matei Zaharia 发表了一篇关于 RDD 的论文，解决了 Mahout 使用中人们对大数据处理快速、智能高等性能的要求。Spark 有效解决 MapReduce 缺陷的能力，再加上 Spark 生态系统的完善，使其在大数据处理中的应用越来越广泛。

3.4 算法分析

人类为了更清楚地认识世界或者整理一堆杂乱的事情时，都会想到分门别类，这样可以更容易理清思路。以往都是凭借已有的经验和专业知识对一些事物进行分类，而现在可以使用工具更加精确地进行分类。当人们不知道一堆事物的类别时，可以使用聚类分析，训练出最佳类别个数；当人们知道了类别时，可以使用分类分析，利用先验知识训练出一个模型，来预测新的特征数据属于的类别。在实际使用中，经常利用聚类分析作为分类分析前一个步骤，提取出最佳的类别个数，再进行分类分析。

3.4.1 聚类分析

聚类（Clustering）分析属于无监督学习（Unsupervised Learning）过程，使用无标签的数据，将具有相同或者相似特征的数据对象划分为一类，该对象集合称为“簇”，同一簇中的数据对象尽量相近或相似，不同簇中的数据对象尽量远离或相异。聚类经常被应用在生物科学、图像分析、Web 文本分类、市场营销、客户分群、欺诈检测、信息安全、过程优化等领域。

3.4.1.1 聚类算法

现今，已经发现很多种聚类算法。通常，聚类算法被分为以下几类：划分方法、层次方法、基于密度方法、网格法、基于模型的方法等。其中，划分方法主要包括 K - means 聚类算法、K - medoids 聚类算法、Clara 聚类算法、Clarans 聚类算法等；层次方法有 Agnes、Diana；基于密度方法有高斯混合；基于网格的有 STING；基于模型的有 EM；还有 Power Iteration Clustering（PIC）、Latent Dirichlet Allocation（LDA）、Streaming - K - means 等。聚类算法中重点研究内容是中心点的选取，包括中心点向量的个数和位置；相似性度量的选取。这些需要算法多次迭代执行找到最优的聚类结果。

聚类的数据表示方式为给定 n 个数据向量$\{(x_1^d, x_2^d, \cdots, x_n^d) \mid d=1,2,\cdots,m\}$，为 d 维数据，将这 n 个样本数据划分到 $k(k <= n)$ 集合中，不带有标签列。其数据结构表示为数据矩阵或者相似度矩阵，在计算时，数据矩阵也要根据一定的度量方式转换为相似度进行聚类，数据存储有以下两种方式：

数据矩阵：$\boldsymbol{X}_{n\times d} = \begin{bmatrix} a_{11} & \cdots & a_{1d} \\ \vdots & \ddots & \vdots \\ a_{n1} & \cdots & a_{nd} \end{bmatrix}_{n\times d}$，相似度矩阵：$\boldsymbol{X}_{n\times n} = \begin{bmatrix} a_{11} & \cdots & a_{1n} \\ \vdots & \ddots & \vdots \\ a_{n1} & \cdots & a_{nn} \end{bmatrix}_{n\times n}$。

计算机中常用后者来存储，其中各元素代表相应向量元素之间的相似度或者相异度。聚类算法是目前机器学习中的研究热点之一，基于划分的 K - means 是最有名且经常使用的聚类算法，其原理比较容易理解、聚类效果好，有着广泛的使用，本文以此作为切入点。

3.4.1.2 K - means 聚类

K - means 算法是一个迭代式的算法，广泛应用在科学、工业、商业中，其准则函数有多种，包括欧氏距离、曼哈顿距离、闵可夫斯基距离、皮尔逊系数、误差平方和专责函数等。传统 K - means 迭代算法执行步骤如图 3 - 8 所示。

其中，距离的计算在 3.3 小节介绍，通常使用欧氏距离。从算法的执行过程来看，只能在每个簇中选取新的聚类中心点，传统的聚类算法只能达到局部最优解，所以中心点的选取具有至关重要的作用。

类别个数 k 值的设定同样影响聚类的效果，在实际应用中，K - means 一般对数据进行初始处理，或者对没有类别的数据贴上 Label，所以选择最佳类别时，一般可以令 k 从 $\{2,3,4,5,6,7,8,9\}$ 中选取。为了降低局部最优结果，选择在每个 k 值上多次执行 K - means 算法，使用评估函数平均轮廓系数计算当前 k 值效果，最后选取最优的 k 值作为最终的簇数目。例如，对于常见测试数据集 IRIS 使用 R 环境选择最优 k 值，与默认 $k=3$ 不同，$k=2$ 时具有明显最佳分类效果，不同的聚类效果如图 3 - 9 所示。

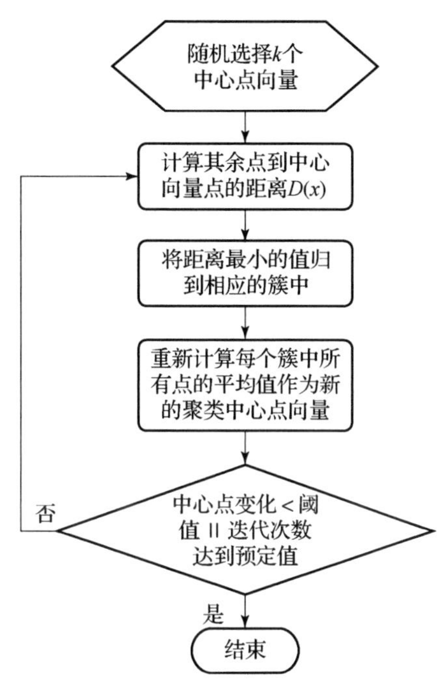

图 3－8　传统 K－means 迭代算法执行步骤

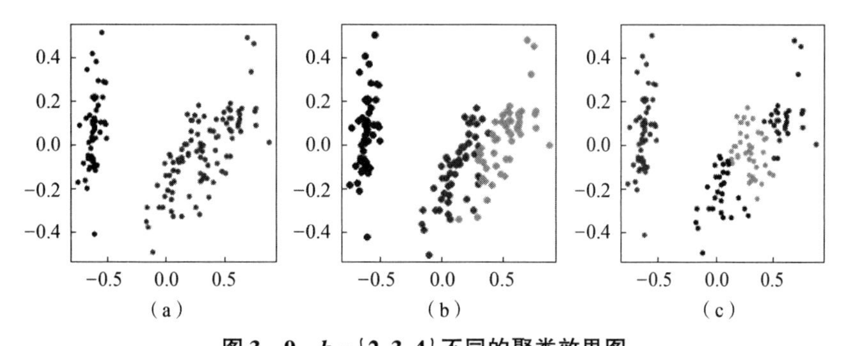

图 3－9　$k=\{2,3,4\}$ 不同的聚类效果图

(a) $k=2$；(b) $k=3$；(c) $k=4$

K－means 算法有两个重要问题：聚类个数 k 的选择；初始聚类中心点的选择。不同的 k 值与中心点可能导致不同聚类结果。这些问题在基于 Spark 的实现都有明确的解决。

聚类在基因组表达数据分析时一般包括如图 3－10 所示几个步骤。

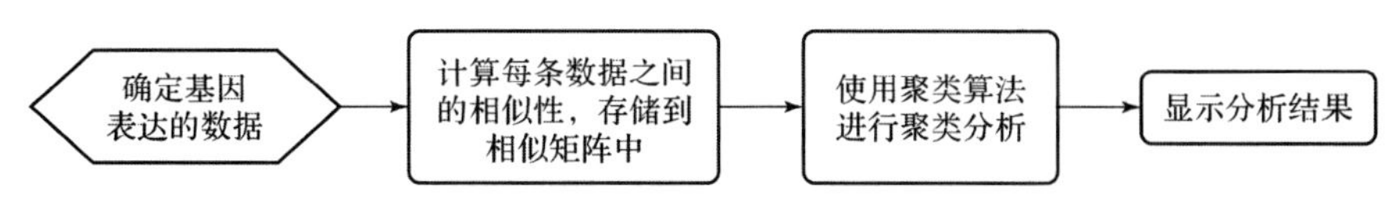

图 3－10　基因组数据聚类步骤

首先确定要分析的数据，聚类分析之前，须计算分析基因表达矩阵中的数据对象间的相似度，并对分析结果进行量化。若相似，则赋一个较大的量化的值，若不相似，使用较小的量化的值表示。在真正计算时，通常使用距离代替相似，两个基因表达模式之间的距离表示相似程度。距离越小代表表达模式越相似，否则，表达模式存在一定差异。

3.4.2 分类分析

分类分析属于有监督学习过程，需要使用标记好类别的数据集作为训练数据对象，根据已有的经验进行学习得到分类模型，其数据表示为$\{(x_1^d, x_2^d, \cdots, x_n^d, y_n^c) \mid d = 1, 2, \cdots, m\}$，其中，$n$ 表示样本数据向量个数；d 表示数据维度；c 表示 n 个样本数据中类别个数，$c \ll n$。常见的分类算法有线性模型的支持向量机（SVM）、逻辑回归、线性回归、朴素贝叶斯、决策树、组装树，有随机森林和 Gradient - Boosted 树、保序回归。目前分类算法应用领域最多的有文本分类、客户群分类、基因组序列分类等。

3.4.2.1 决策树算法分析

决策树及其组装 Trees 是一种在分类和回归任务中比较流行的机器学习算法。由于其容易被解释、处理绝对的特征、扩展多类分类设置、不要求特征缩放、可以处理非线性和特征交互等特性，因此广泛被应用。树的组装算法如 Random Forests 和 Gradient - Boosted Trees 在分类和回归任务处理中表现具有较高性能。

决策树是一种贪婪算法，执行特征空间的递归分区，形成分类树。同时，决策树也被视为预测模型，它代表对象特征属性与对象值（类别）之间的一种映射关系。树中每个分裂点代表数据对象某个属性，该属性不同取值形成了分叉路径，叶节点表示从根节点到该节点数据对象的类别。其中，中间节点的选取使用信息增益计算得到。决策树的构建过程如图 3 - 11 所示。

其中，阈值为当前节点记录数小于的某设定值，阈值的设定可以一定程度降低 Tree 的过拟合现象；样本数据可以具有连续特征和范畴特征这两种数据，如使用｛>=，<=｝与｛是，否｝界定的值；最有分类能力节点的计算方式是从 argmax$\{\text{Gain}(D, A_i)\}$集合选择最大的值，使信息增益 Gain(D, A_i)最大化，A_i 代表分裂点，D 代表数据集，整体意思为节点 A_i 在数据集 D 上的信息增益值。计算信息增益需要首先计算节点不纯度，衡量分类节点不纯度的方法有两种，一是基尼不纯度，二是熵值。另外，可以使用方差作为回归的不纯度衡量方法。

现在介绍如何在连续特征和范畴特征集上选出分裂候选项。对于连续性特征，如果是单机上实现的小数据集，每一个连续特征的分裂候选项对于特征来说是唯一的值。有些实现是将特征值排序，然后使用排好序的唯一值作为分裂候选项来快速构建树。如果是大规模分布式数据集，其排序特征值消耗资源大。这个实现通过在部分采样数据上执行方差计算得出一个大约的分裂候选项集合。有序的分列项作为一个“箱子”，箱子的最大个数可以定义为参数“maxBins”，总结为以特征排序为依据，选取特征子集，实现特征选取。对

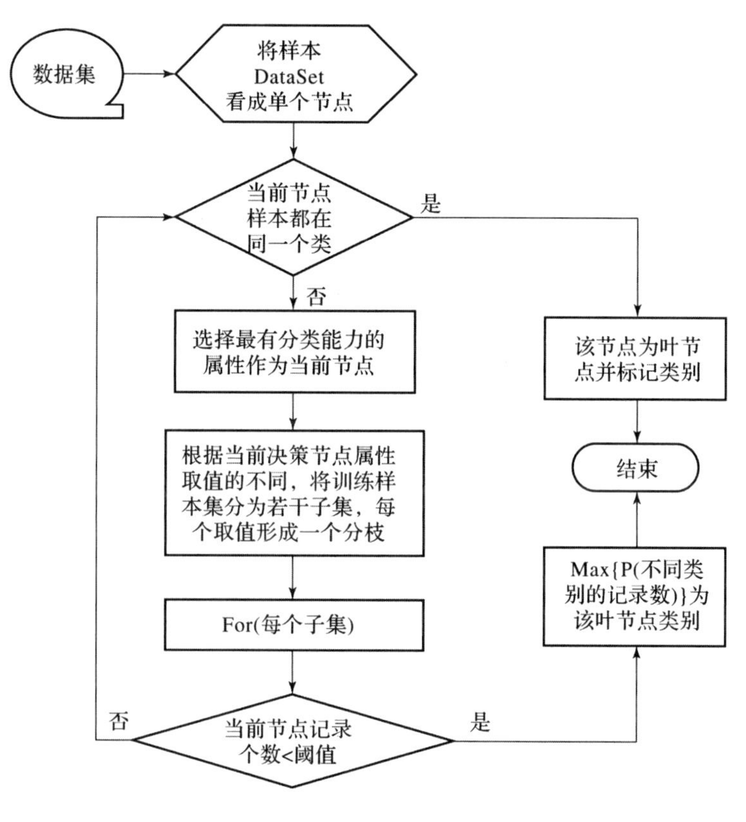

图 3-11　决策树构建过程

于范畴特征，若具有 M 个可能的值（类别），将具有 $2^{M-1}-1$ 个分裂候选项。对于两类分类和回归，通过排序范畴特征，将减少到具有 $M-1$ 个分裂候选项。例如：具有一个范畴特征和三个类别 A、B、C 其相应的值为 0.2、0.6、0.4，其排序范畴特征为 A、C、B，两种分裂方式为 $\{A\}$、$\{C, B\}$ 和 $\{A, C\}$、$\{B\}$。

在多类分类器中，所有的 $2^{M-1}-1$ 个分裂项将被使用。当 $2^{M-1}-1$ 大于 "maxBins" 时，我们将使用类似于用于两类分类或者回归的启发式方式，将具有 M 个范畴特征值通过提纯度进行排序，将其变为具有 $M-1$ 个候选项。

决策树是一个分类模型，使用递归实现，期望每条数据记录都有准确的类别，但现实中，很难找到合适的构建决策树条件，使其难以停止构建。有时构建完成，往往也会出现树节点数过多，导致过度拟合的现象。为了优化决策树，需要在构建时设定停止条件，满足条件时，停止决策树的构建，但这并不可以很好地解决过度拟合。过度拟合常见原因有：(1) 训练数据中存在噪声；(2) 数据不具有代表性。过度拟合的表现为决策树模型只对训练数据集具有低错误率，而对其他数据集的错误率很高。另一个表现为构建的决策树节点过多，优化方法为对构建好的决策树进行修剪。不论是设置停止条件还是对枝叶修剪，都不能在根本上解决问题，决策树的组装树随机森林算法可以很好地解决过度拟合。

3.4.2.2 随机森林算法分析

在机器学习算法的应用中，随机森林是由多个决策树构建而成的，是树的组装学习算法，使用集成学习思想来更好地避免决策树的局部最优的缺陷。组装算法还有 Gradient - Boosted Trees（GBTs），与随机森林的区别如下：随机森林算法可以一次并行地训练多个树，而 GBTs 只能训练一个树；随机森林建树越多，越不可能出现过度拟合现象，而 GBTs 建树越多，过拟合现象越明显，所以随机森林在大数据集上具有更快的速度和更佳的效果。

随机森林算法是机器学习、计算机视觉、基因组分析等领域中应用非常广泛的一种算法，它既可以用来做分类，也可以用来做回归预测。随机森林是由多个相互独立的决策树组装而成的，使用训练数据将随机森林模型训练好之后，随机森林模型对于输入的测试数据让每个决策树预测一次，将相同输出的预测结果相加，结果最大预测标签作为最终类别。实际应用中，随机森林算法通常具有良好的效果，使用测试数据多次预测，结果基本稳定且错误率较低，同时对于质量较差的数据，也起到一定的平衡作用，不易出现过拟合现象。

3.4.3 度量计算分析

3.4.3.1 欧氏距离

欧氏距离全称为欧几里得距离，是实际生活中常用的距离衡量方式，公式如下：

$$D(C,X) = \sqrt{\sum_{i=1}^{n}(c_i - x_i)^2}$$

式中，C 为中心点，属于向量值；X 为任意一个非中心点；$D(C,X)$ 值为点 C 与点 X 之间的距离，该公式也是我们常见到的计算距离的公式。

欧氏距离类似于曼哈顿距离、闵可夫斯基距离，在计算数据元素相异度时需要进行规格化，因为取值范围大的属性对距离的影响大于取值范围小的属性。一般规格化是将属性值按比例映射到［0，1］区间，映射公式为

$$a_i' = \frac{a_i - \min(a_i)}{\max(a_i) - \min(a_i)}$$

式中，a_i 为任意属性中的元素；$\min(a_i)$ 为所有属性中相对应值中的最小值；$\max(a_i)$ 为所有属性中相对应值中的最大值。例如 $X = \{2,1,102\}$ 和 $Y = \{1,3,2\}$，欧氏距离为 100.025，规格化后为 $X' = \{1,0,1\}$，$Y' = \{0,1,0\}$，欧氏距离为 1.732。

3.4.3.2 皮尔森相关系数

皮尔森相关系数是一种线性相关系数，用来反映两个变量（包括向量）线性相关程度

的统计量，若计算向量 $\boldsymbol{X}$、$\boldsymbol{Y}$ 的皮尔森相关系数 r，计算公式为

$$r = \frac{\sum_{i=1}^{n}(x_i - \bar{x})(y_i - \bar{y})}{\sqrt{\sum_{i=1}^{n}(x_i - \bar{x})^2 \cdot \sum_{i=1}^{n}(y_i - \bar{y})^2}}$$

或者

$$r = \frac{1}{n-1}\sum_{i=1}^{n}\left(\frac{X_i - \bar{X}}{S_X}\right)\left(\frac{Y_i - \bar{Y}}{S_Y}\right)$$

式中，n 为样本量，样本标准差除以 $n-1$ 是为了使样本标准差是一个无偏估计量。

由公式可以看出，r 的取值范围为 $[-1, 1]$，若 $r>0$，表明向量之间正相关，即一个量变大，另一个量也随着变大；若 $r<0$，表明向量之间负相关，即一个量变大而另一个量变小；其中 $|r|$ 越大表明相关性越强，但并不是因果关系；若 $r=0$，只能表明该向量之间不具有线性相关，可能存在其他相关方式，例如曲线相关。

3.4.3.3　余弦相似度

余弦相似度是通过计算两个向量的夹角余弦值来衡量它们的相似度，相较于欧氏距离，余弦相似度注重两个向量在方向的差别而非距离。假设向量为 $\boldsymbol{X}$、$\boldsymbol{Y}$，其计算公式为

$$\cos\theta = \frac{\sum_{i=1}^{n}(X_i \times Y_i)}{\sqrt{\sum_{i=1}^{n} X_i^2} \times \sqrt{\sum_{i=1}^{n} Y_i^2}}$$

式中，$\cos\theta$ 取值范围为 $[-1, 1]$，向量夹角越小，值越接近 1，表示越相似。

该计算方式在实际应用当中有一定的缺陷，无法衡量每个维数值的差异。例如，计算用户给两个商品的评分的相似度，总分为 5，用户 A 的评分向量为（1，2），用户 B 的评分向量为（4，5），计算其余弦相似度高达 0.95，具有明显的不合理性，因此出现了调整余弦相似度。其改进之处在于将所有维度上的数值减去维度的均值再进行计算。例如刚才的例子 A 和 B 的评分均值为 3，调整后的评分向量为（-2，-1）、（1，2），计算其调整余弦相似度值为 -0.8，显然用户 A 和 B 并不具有相似性。

3.4.3.4　信息增益的计算方式

信息增益表达的主要是消息带来的信息量增加的大小，使用信息熵或基尼不纯度衡量。

信息熵表示消息含有的信息量，在决策树中代表数据集合中某特征值含有的信息量，信息量越小，说明大部分记录越相似，整体熵值计算公式：

$$\text{Entropy}(D) = -\sum_{j=1}^{|C|} P(c_j)\log P(c_j)$$

$$\sum_{j=1}^{|C|} P(c_j) = 1$$

某一特征属性A_i信息熵计算采用以下公式：

$$\text{Entropy}_{A_i}(D) = \sum_{j=1}^{v} \frac{|D_j|}{D} \times \text{Entropy}(D_j)$$

式中，v 为划分后子集的个数。

信息增益计算公式如下：

$$\text{Gain}(D,A_i) = \text{Entropy}(D) - \text{Entropy}_{A_i}(D)$$

选择最大的 Entropy_{A_i} 使混杂度的减少量达到最大。

基尼不纯度是将集合中的某种结果随机应用于集合中某一数据项的预期误差率，其公式为

$$\text{Gini} = \sum_{i=1}^{|C|} P(c_i)[1 - P(c_i)]$$

两种计算方式之间的主要区别为，熵达到最值的时间要比基尼不纯度的慢。所以，信息熵对于杂乱数据集合具有更严重的处罚因子。

3.4.3.5 评估方式

1. 轮廓系数

轮廓系数，是聚类效果好坏的一种评价方式，最早由 Peter J. Rousseeuw 在 1986 年提出。它结合了内聚度和分离度两种因素，可以用来在相同原始数据的基础上评价不同算法或者评价算法不同运行方式对聚类结果所产生的影响。

假设我们使用 K - means，将待分类数据分为了 k 个簇，对于簇中的每个向量即每个点，分别计算它们的轮廓系数。

对于簇中任意一个点 $\boldsymbol{i}$ 来说：

计算 $a(\boldsymbol{i})$ = average（$\boldsymbol{i}$ 向量到所有它属于的簇中其他点的距离），来量化内聚度；计算 $b(\boldsymbol{i})$ = min（$\boldsymbol{i}$ 向量到所有非本身所在簇的点的平均距离），来量化分离度。那么 $\boldsymbol{i}$ 向量轮廓系数就为

$$S(\boldsymbol{i}) = \frac{b(\boldsymbol{i}) - a(\boldsymbol{i})}{\max\{a(\boldsymbol{i}), b(\boldsymbol{i})\}}$$

式中，距离可使用前面介绍的距离计算方式，常用欧氏距离计算公式。

根据公式可知，轮廓系数值介于［-1，1］之间，值越小，代表内聚度越大，即簇内距离大于簇外距离，聚类效果不好；值越大，分离度越大，即簇内距离小于簇外距离，聚类效果较佳。

2. 误差平方和

聚类算法一般使用该方法评估聚类效果，给定数据集 S，S 只包含特征属性，不包含

类别属性，假设 S 包含 k 个聚类子集 X_1，X_2，…，X_k，其误差平方和准则函数公式为

$$e = \sum_{i=1}^{k} \sum_{p \in X_i} \|p - m_i\|^2$$

式中，p 为每个数据集中的点；n_1，n_2，…，n_k 为各个聚类子集中的样本数量；m_1，m_2，…，m_k 为各个聚类子集的均值点，即聚类中心。

3. 错误率

计算错误率之前首先计算准确率，准确率为

$$P(i) = \frac{\text{Correct}_i}{\text{Total}_i}$$

式中，i 为测试的次数；Total_i 为测试数据集的总个数；Correct_i 表示测试数据集中预测正确的个数。

由准确率可知，错误率为

$$\text{Error} = 1 - \max\{P(i) \mid i \in [1, n]\}$$

第4章　基于云平台的机器学习算法的并行化研究与应用

本章主要研究基于 Spark MLlib 的聚类算法 K－means 和分类算法决策树及其组装树随机森林用来解决单机无法处理的基因组数据问题。K－means 算法作为数据处理的第一步，用于找到最佳的类别个数，第二步使用分类算法随机森林基于已有的类别训练出模型，用于后续的类别预测。本章算法的研究主要应用在基因组数据的分析上，但不仅限于此，基于云平台和 Spark 的机器学习算法具有良好的扩展性。实验表明，基于 Spark 的机器学习算法可以有效地提高对基因组大数据的分析，从而对基因组数据的科学研究起到积极的促进作用。

4.1　基于 Spark＋Hadoop 的算法设计

本章主要侧重于 K－means 聚类算法和 Random Forest 分类算法分析、设计与实现。

4.1.1　Spark 内核架构基本原理

Apache Spark 是一个快速和通用的集群计算系统，它提供了 Java、Scala、Python 和 R 语言的高级 APIs，同时，它拥有丰富的工具集，包括用于结构化数据处理的 Spark SQL、用于机器学习的 Spark MLlib、用于图像处理的 GraphX 和用于大规模流式数据处理的 Spark Streaming。

Spark 的运行框架中主要包括集群资源管理器、运行 Job Task 节点（WorkerNode）、任务控制节点和任务执行进程（Executor），如图 4－1 所示。

具体运行过程为，当我们写好自己的 Spark 应用程序后，使用 Spark 自带的 shell 命令 spark－submit 提交，提交之后通过反射的方式创建和构造一个 Driver 程序，用于执行 Application 程序；Application 执行到 SparkContext 语句进行初始化，创建一个 job，构造出 DAGScheduler 和 TaskScheduler，同时所有 Executor 都反向注册到 Driver 中完成初始化；MasterNode 接收到 Application 注册请求之后，使用自己的资源调度算法，在 Spark 集群的 WorkerNode 节点上为该应用启动多个 Executor；Executor 接收 Task 并使用 TaskRunner 进行

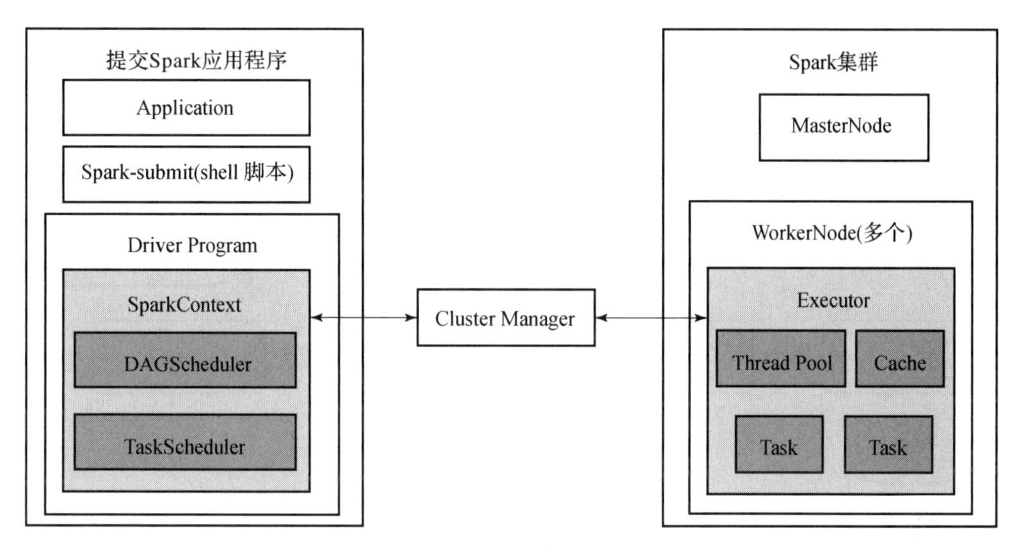

图 4－1　Spark 的运行框架

封装和从线程池里取出线程进行执行。整体过程为 Application 作为 stage 分批次作为 TaskSet 提交到 Executor 执行，每个 Task 对应于一个 RDD 的一个 partition，直到所有操作执行完为止。

其中，DAGScheduler 主要作用是将 job 划分为多个 stage，每个 stage 使用划分算法创建一个 TaskSet；TaskScheduler 负责使用 Task 分配算法把 TaskSet 里的每一个任务提交到 Executor 上执行，另外，TaskScheduler 有自己的后台进程，用来连接 Master，并向 Master 注册 Application，Executor 也会反向注册到 TaskScheduler 上；Task 有两种：ShuffleMapTask 和 ResultTask，除了最后一个 stage 为 ResultTask，其余 stage 都为 ShuffleMapTask；TaskRunner 用来将要执行的算子和函数进行拷贝、反序列化，而后执行 Task。

Executor 相较于 MR 框架具有两方面优势，一方面，Executor 使用多线程执行具体任务，而 MR 使用的是进程，减少了 Task 启动的开销；另一方面，Executor 有一个 BlockManager 存储模块，当需要多次迭代时，可以将中间结果存储在该模块中，在需要时直接读取，减少了读写 HDFS 等外存资源消耗。此外，Spark 在 Shuffle 操作时，在 groupby、join 等场景下去掉了不必要的 Sort 操作，而 MR 框架下，不管是否需要都执行 Sort 操作；Spark 相比于 MR 只有 Map 和 Reduce 两种操作，其提供了如 filter、groupby、join 等更加丰富的运算操作。

Spark 底层语言使用的是 Scala 并提供了相应的 API，而 Scala 在函数表达方面具有很强的优势，可以使用简单易懂的操作表达复杂的机器学习算法过程。Spark 使用各种操作函数来构建基于内存 DAG 计算模型并把每一个操作都看成一个 RDD 来对待，而 RDD 则表示的是分布在多台机器上的数据集合，并可以带上各种操作函数。如常见到的错误日志采集代码：

```
    errors = textFile("log").filter(_.contains("error")).map(_.split('\t')(1)).
cache()
```

图 4 –2 所示为 Spark 处理数据流程。

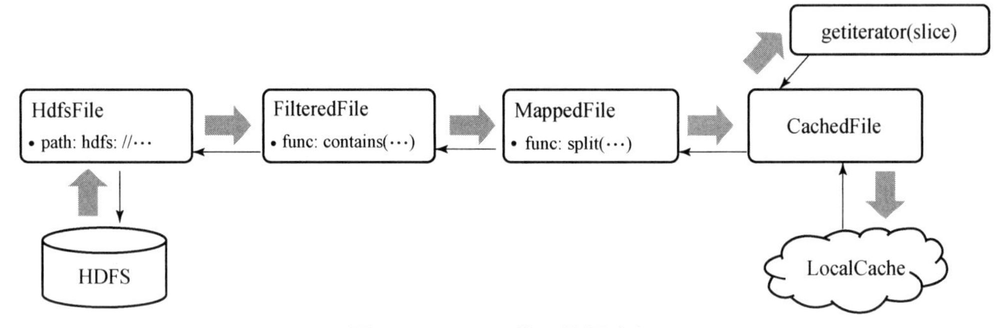

图 4 –2 Spark 处理数据流程

首先应用程序从 HDFS 文件系统里读取数据构建成一个 RDD，然后使用各种过滤或数据格式处理操作，对前面的 RDD 数据中找出含有 “error” 的记录，而后利用 map( ) 操作取得记录的第一个字段，将其 Cache 在内存上，最后就可以使用具有迭代的机器学习算法对 Cache 的数据做相应的操作，整个操作过程像一个有向无环图（DAG），每个步骤都有相应的容错机制。

4.1.2 并行聚类在 Spark + Hadoop 平台上的实现

4.1.2.1 聚类中心点的选取

在算法分析阶段提到过聚类算法簇的个数 k 和其位置的选取是研究的重点，本节利用 Spark MLlib 中 k 值选取方法 computeCost 来评估 k 值，其原理是通过计算样本中所有数据点到其最近的中心点的平方和来进行评估。首先，将待聚类数据集存入 Dense 矩阵中，设置一定范围的 k 值存入数组，每个 k 值可多次运行程序，选出 Cost 具有明显改变的临界点作为最优 k 值。原因是，理论上 k 值越大，聚类的 Cost 值越小，极限情况下，即每条记录都独为一类，这时 Cost 值为 0，但不具有实际意义。因此，选出结果中 k 值稳定且使聚类计算代价最小的 k 值作为聚类的个数。

簇的个数 k 值确定之后，需要选取 k 个中心点向量，Spark MLlib K – means 算法的实现在初始聚类点的选择上，借鉴了一个叫 K – means ‖ 的类 K – means ++ 实现。K – means ++ 算法在初始点选择上遵循初始聚类中心点相互之间的距离应该尽可能远的原则。选取 k 个中心点的基本过程如图 4 –3 所示。

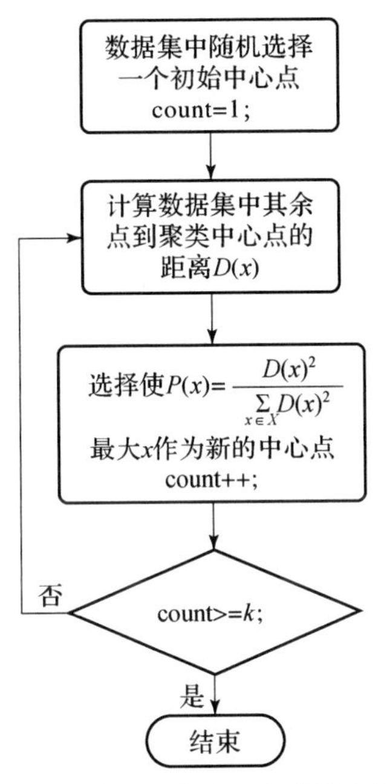

图4-3　选取 *k* 个中心点的基本过程

其中，$P(x)$用来衡量点 x 到已有中心点的距离和的大小。k 值与其位置选取具有相互依赖的关系，需要多次组合运行，找到最佳搭配。在 k 个初始中心点选定之后，首先需要使用 K-means 算法和训练数据进行聚类训练，得到一个 KMeansModel 聚类模型，之后就可以使用该 Model 对测试数据进行预测其类别进而来评价 Model 的优劣。

4.1.2.2　并行 K-means 的具体执行过程

搭建并配置好 Spark 开发环境后，首先，使用训练数据在 train( )方法中训练出聚类模型 ClusterModel，其中定义了抽象的 predict( )方法用于对新数据点预测，实现该接口的方法都是具体的聚类模型，用于产生不同的回归模型的预测结果。

基于 Spark MLlib 中 K-means，使用 Scala 语言编写的实现类需要设置以下主要参数。

k：表示预计的聚类个数，即形成簇的数目；

maxIterations：表示最大的迭代运行次数；

initializationMode：表示初始化方法，有 random initialization 和 K-means ‖ initialization 两种方式，传统单机实现经常使用第一种方式随机生成 k 个中心点，本文使用第二种方式；

runs：表示运行 K-means 算法运行次数，由于 K-means 算法为局部最优算法，在给定的数据集上多次运行保证其具有较优的全局聚类结果；

initializationSteps：设置 K-means 算法的步骤数；

epsilon：表示 K-means 算法是否收敛的阈值。

在了解算法参数意义之后，利用 train( )方法和训练数据集进行训练，训练之后生成 KMeansModel 模型进行保存，用来预测新的数据属于什么类别。例如，基因 RNA－Seq 数据类识别，使用相应数据集训练好聚类模型后可以预测新的序列数据属于 mRNA、tRNA、rRNA 中的哪一类。

聚类整体执行流程如图 4－4 所示。

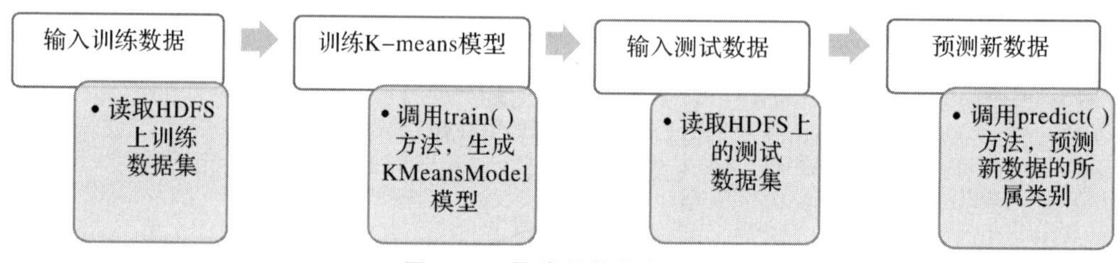

图 4－4 聚类整体执行流程

过程分为以下两部分。首先，使用训练数据集训练数据模型，具体训练过程的主要 Scala 代码为：

```
val rawTrainingData = sc.textFile("hdfs://datafilepath") //HDFS 上训练数据存储路径
val parsedTrainingData = rawTrainingData.filter(!isColumnNameLine(_)).map(line => {
Vectors.dense(line.split("\t").map(_.trim).filter(!"".equals(_)).map(_.toDouble))
}).cache() //过滤掉属性名行,将数据元素存储在 Dense 矩阵中,并存放在 RDD 中
val numClusters = … //设置聚类个数 k 值
val numIterations = …   //设置最大迭代次数
val runTimes = …    //设置运行次数
var clusterIndex:Int = 0 //类别使用正整数表示,从 0 开始
val clusters:KMeansModel =
KMeans.train(parsedTrainingData, numClusters, numIterations, runTimes) //具体训练过程
clusters.clusterCenters.foreach(x =>
   println("Center Point of Cluster" + clusterIndex + ":")
            println(x)  clusterIndex += 1
        }) //输出类别和相对应的中心点
```

其次，训练出聚类模型后，使用该模型编写预测方法，具体测试过程的主要 Scala 代码为：

```
val rawTestData = sc.textFile("hdfs://datafilepath") //在 HDFS 上读取测试数据
val parsedTestData = rawTestData.map(line => {
Vectors.dense(line.split("\t").map(_.trim).filter(!"".equals(_)).map(_.toDouble))
}) //将测试数据进行格式化
parsedTestData.collect().foreach(testDataLine => {
val predictedClusterIndex:
Int = clusters.predict(testDataLine)
println("The data" + testDataLine.toString + "belongs to cluster" + predictedClusterIndex)
}) //循环遍历测试数据，预测每条数据所属的类别
```

其中，KMeans.train()有多种重构方式，但数据必须来自 RDD[Vector]；KMeansModel.predict()的参数可以直接来自 Vector 或者 RDD[Vector]。

4.2 并行分类在 Spark + Hadoop 平台上的实现

本节主要论述基于 Spark 的随机森林算法在 Hadoop 集群中的实现，由于随机森林是基于决策树实现的，其内部实现原理大部分是决策树的实现方式。

4.2.1 树节点的选取划分

树节点（前面提到的分裂点）特征属性选取的好坏直接决定整个决策树的分类能力，如果一个分裂点能够将整个样本准确地分类，那么该分裂点可看作是最佳选择，此时使用当前节点被分开的类别相对来说也是最纯的。

基于 Spark 随机森林算法的实现，在数选取方面对传统实现方式进行了一定的优化，优化策略主要体现在三个方面：切分点抽样统计、特征装箱与逐层训练。

在传统单机环境中，决策树算法对连续变量进行切分点选择时，首先对特征值进行排序，然后选取范围内合适的点作为切分点。在处理大数据量的分布式环境下直接操作会消耗大量的 I/O 资源，导致算法效率大大降低。因此，Spark 中随机森林算法在构建决策树时使用特征切分点抽样统计，即对特征子集进行抽样，形成各个分区的统计数据，各个分区内排序并最终得到切分点。

决策树算法的形成就是树节点不断选取划分的过程。树节点选取后，需要对特征值进行划分，对于范畴特征，如果有 M 个值，最多有 $2^{M-1}-1$ 个划分，若对值排序，最多有 $M-1$ 个划分；对于连续特征，选取其范围内中的某个数作为 split，划分后的每个区间代

表一个 bin（箱子），其中 split 选取使用切分点抽样统计方法。

传统单机构建决策树过程是使用递归调用（即深度优先）的方式，在构造树的过程中，需要将同一个子节点的记录数据移动到一起。在处理大数据量的分布式数据结构中很难将数据移在一块，所以在分布式环境下采用逐层构建树（即广度优先）策略，树的高度与遍历所有数据的次数相等。每次遍历中，计算每个节点相关的特征属性值的信息增益，最后，根据节点的信息增益值与特征划分值，选出分裂点以及如何切分。

在决策树分析小结中已经详细介绍了如何选取分裂点。在 Spark MLlib 源码中随机森林使用信息增益来计算分裂点是否为最优，实现代码为：

```
val gainStats = calculateGainForSplit(leftChildStats, rightChildStats,
                     binAggregates.metadata, predictWithImpurity.get._2)
```

4.2.2 随机森林的具体执行过程

本文研究随机森林算法的实现是基于新开发的 Spark MLlib 工具包中的 Pipeline，该 Pipeline 解决了 MLlib（基于 RDD）在处理机器学习问题上的弊端，在学习和使用方面友好性较差。该工具包主要目的是向开发者提供基于 DataFrame 之上的更高层次的 API 库，从而更加容易地构建复杂、智能的机器学习系统。在结构上，每个 Pipeline 含有一个或多个 PipelineStage，每个 PipelineStage 完成各自的任务，如数据集格式转换、算法模型训练、程序参数设置、数据预测等。PipelineStage 在机器学习算法里按照处理问题类型的不同有不同的定义和具体实现。ML Pipeline 常用到 DataFrame、Transformer、Estimator、Parameter。

DataFrame 是 R 语言中常用的数据存储结构，它包含了 schema（语义）信息，类似于数据库中的二维表格，在 Spark ML Pipeline 中用于存储源数据和处理后的结果数据。例如，我们将特征向量存储在 DataFrame 的一列中，这样看起来清晰易懂，处理后的结果数据也更加容易可视化。

Transformer 可以看作是一个转换器，也可以看作是一个 PipelineStage，继承 PipelineStage 类实现，其作用是把原先的 DataFrame 转换为需要的 DataFrame。例如，我们训练的一个 Model 就代表一个转换器，它可以将不包含预测 Label 的测试数据集 DataFrame 打上 Label 转化成另一个包含预测 Label 的 DataFrame。

Estimator 可以看作是一个评估器，也是继承 PipelineStage 类实现，其作用是操作 DataFrame 中的数据产生一个 Transformer。机器学习算法可以通过训练特征数据集得到相应的模型，因此，一个算法可看作为一个 Estimator。

Parameter 用来设置 Transformer 或者 Estimator 的参数。

使用 Scala 语言编写基于 Spark 的随机森林算法实现类主要具有以下参数：

featureCol：表示训练数据集 DataFrame 中存储特征数据的列名。

labelCol：表示标签列名字。

impurity：表示树节点选择的不纯度衡量指标，取值可为［Entropy | Gini］，默认值为 Gini 系数。

maxBins：变量空间的最大分箱数，默认为 32，前面介绍过。

maxDepth：树的深度，增加深度可以使模型更具表现力。然而，树越深，消耗时间越长且易于过度拟合。一般情况下，使用随机森林算法训练较深的树是可以接受的，但这棵树容易出现过度拟合。

numTree：树的个数，个数越多预测结果越可靠，提高了模型的测试精确度。

随机森林算法的执行同样分为训练和测试两个部分，随机森林算法执行过程如图 4－5 所示。

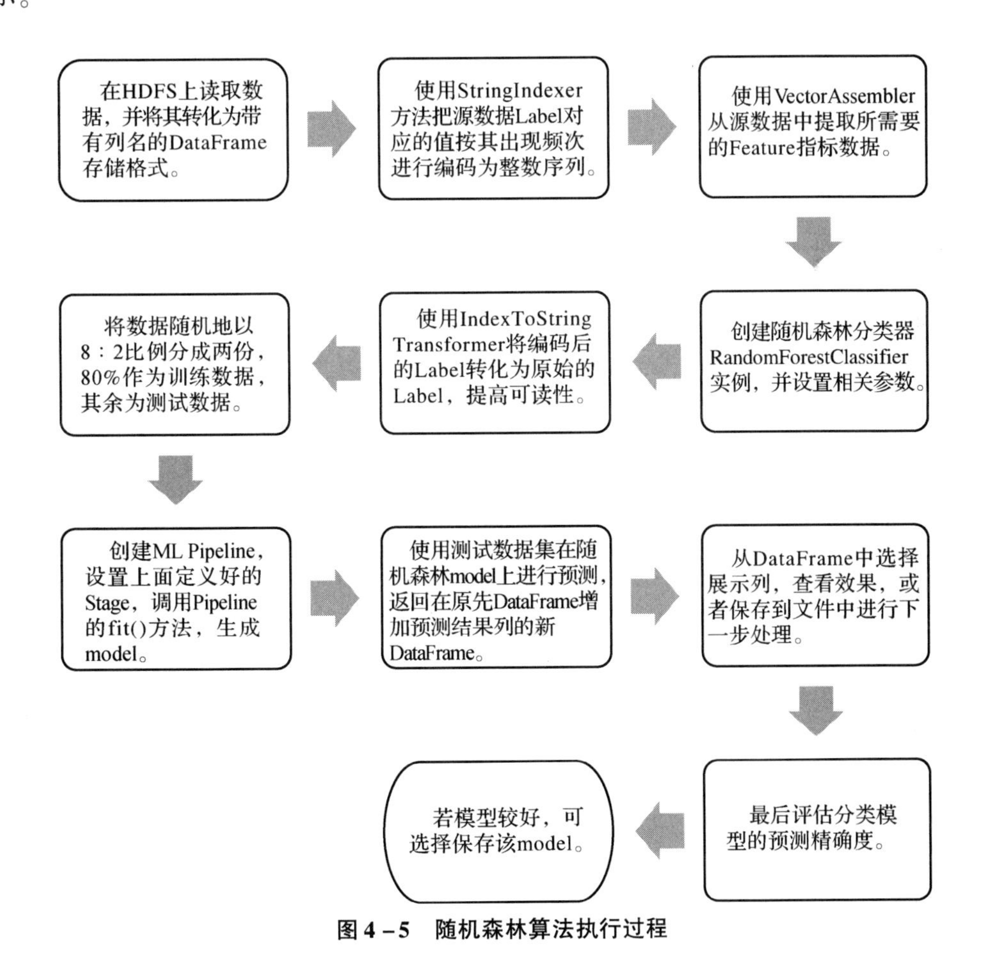

图 4－5　随机森林算法执行过程

具体分为以下两部分。首先，使用训练数据集训练数据模型，具体过程的主要 Scala

代码为:

```
val parsedRDD = sc.textFile("hdfs://datafilepath").map(_.split(",")).map
(eachRow => {
    val a = eachRow.map(x => x.toDouble)
    (a(0),a(1),a(2),a(3),a(4)...) })
val df = sqlCtx.createDataFrame(parsedRDD).toDF("f0","f1","f2","f3",…,"
label").cache()
```

创建 4 个 Stages，类似于代码:

```
val labelIndexer = new StringIndexer().setInputCol("label").setOutputCol
("indexedLabel").fit(df)
```

使用前面 4 个 Stages 创建 Pipeline 实例，调用 Pipeline 的 fit()方法生成随机森林模型:

```
val pipeline = new Pipeline().setStages(Array(labelIndexer,vectorAssembler,
rfClassifier,labelConverter))
val model = pipeline.fit(trainingData)
```

预测数据及评估结果文件数据保存格式主要代码为:

```
predictionResultDF.select("f0","f1","f2","f3",…,"label","predictedLabel").
collect()
```

使用多类分类评估器评估分类模型预测的精确度，3.3 节已介绍过计算的基本原理。

```
val evaluator = new MulticlassClassificationEvaluator()
    .setLabelCol("label")
    .setPredictionCol("prediction")
    .setMetricName("precision")
val predictionAccuracy = evaluator.evaluate(predictionResultDF)
println("errorRate = " + (1.0 - predictionAccuracy))
```

4.3 基于 Spark 算法分析总结

基于 Spark 的机器学习应用系统的构建是一个复杂的过程，分析数据之前通常需要对杂乱无章的数据进行预处理、提取特征值、清洗数据格式等。基于集群和 Scala 语言编写的 Spark 最重要的特性是使用简单的语句就可以高效地处理大数据及处理迭代问题的独特优势。由在该平台上对于 K－means、决策树、随机森林算法的具体应用实现，可以看出 Spark MLlib 提供的 API 简化了机器学习系统的构建，而 Spark MLlib 提供的 Pipeline 进一步使机器学习算法系统的构建简单易用，结果更加容易可视化。

决策树算法在 MR 框架下，对于具有 k 个特征、m 个分裂点和 n 个样本实例，在每个节点使用 map 计算分裂点属性的时间复杂度为 $O(k\times m\times n)$，且在 Shuffle 阶段通信消耗资源过多。而使用 Spark 计算框架，RDD（Dataframe）数据存储技术大大减少了通信资源的消耗。随机森林由多个决策树组装而成，其构建成本也相应降低。

4.4　基于 Spark + Hadoop 的结果分析

实验环境搭建所需的硬件及软件环境、数据处理分析过程及结果。

4.4.1　实验环境的搭建

将 Spark 运行在 Standalone 集群模式、Amazon EC2、Hadoop YARN 或者 Apache Mesos 上，将数据存储在 HDFS、Cassandra、Hbase、Hive、Tachyon 和任何 Hadoop 数据源上，并进行数据访问。相关标志如图 4－6 所示。

具体硬件、软件环境配置为：

操作系统：Linux（Ubuntu 10.04）；

Java 与 Scala 版本：Scala 2.10.4，Java 1.8；

Spark 集群环境（3 台）：Hadoop 2.2.0 + Spark 1.4.0；

源码研究与应用实现环境：Intellij IDEA 15.0.2。

图 4－6　相关标志

4.4.2　实验过程及其结果

主要包括实验过程中数据的来源及主要分析的数据，数据分析部分是根据本文的重点应用 RNA 数据进行训练、测试错误率及不同平台运行时间的比较。

4.4.2.1　实验数据

Non－coding RNAs（ncRNAs）在细胞中扮演多种重要的角色，目前仍有很多未被发现的。然而，在生化屏幕中很难侦测出新颖的 ncRNAs。为了改进生物学知识，在基因组测序中，能精确地侦测出 ncRNAs 的计算方法是需要重点研究的对象。基因组序列的增加为计算对比序列分析和侦测出新颖的 ncRNAs 提供丰富的数据集。首先根据 RNA 二级结构特点转化为特征数据，再根据聚类算法找出其最佳类别个数为两个，即编码 RNA 和非编码 RNA。同时也测试了 UCI 网站（http://archive.ics.uci.edu/ml/datasets/）的 Breast

Cancer 与 Mushroom 数据，使用 Random Forest 对多类分类同样起到有效的分类效果。

在对 RNA 数据进行算法分析之前，首先对数据进行预处理，将其转换为程序所需要的数据格式，其处理流程如图 4－7 所示。

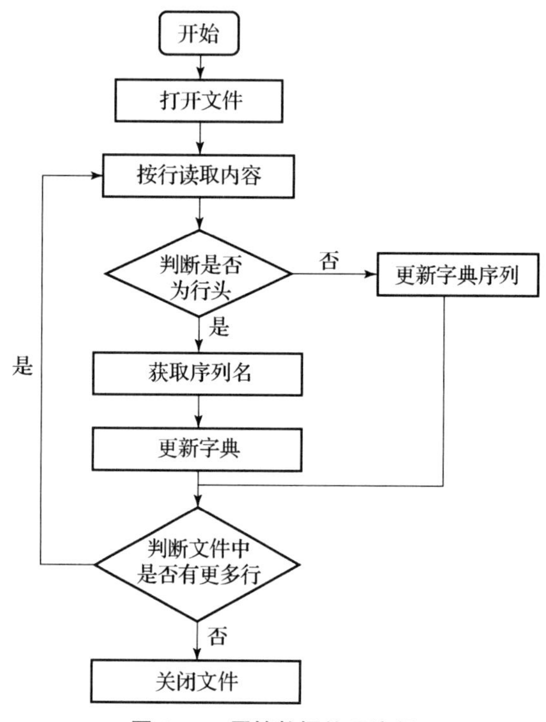

图 4－7　原始数据处理流程

训练与测试所用数据集如表 4－1 所示。

表 4－1　训练与测试所用数据集

数据名	特征个数	类别个数	大小/MB
RNA	8	2	174
Breast Cancer	9	2	4
Mushroom	22	21	24

程序所需数据的原始格式为：

```
  0 1:-766  2:128  3:0.140625  4:0.304688  5:0.234375  6:0.140625  7:0.304688
8:0.234375
```

其中，第一个数字代表类别，冒号前的数字代表第几个特征，后面代表特征值。而使用 Spark MLlib 中的 Pipeline 之后，数据格式可以根据自己爱好进行定义，本程序的定义格式为：

```
-766 128  0.140625  0.304688  0.234375  0.140625  0.304688  0.234375  0
```

前面代表特征值，最后一个数据代表类别，简单直观、清晰易懂。

使用随机森林算法执行后生成的 Model Tree 0 的部分判断格式为：

```
Tree 0:
        If (feature 5 <= 0.211 864)
        If (feature 4 <= 0.201 681)
         If (feature 4 <= 0.152 542)
          If (feature 5 <= 0.2)
             Predict: 0.0
             Else (feature 5 > 0.2)
               Predict: 0.0
```

```
Else (feature 4 > 0.152 542)
     If (feature 0 <= -309.0)
        Predict: 1.0
      Else (feature 0 > -309.0)
         Predict: 0.0
         ……
```

4.4.2.2　实验分析

实验分析部分主要包括实验结果的错误率和基于云平台的数据运行时间。错误率来自随机森林的树的深度和树的个数，如图 4－8 所示。

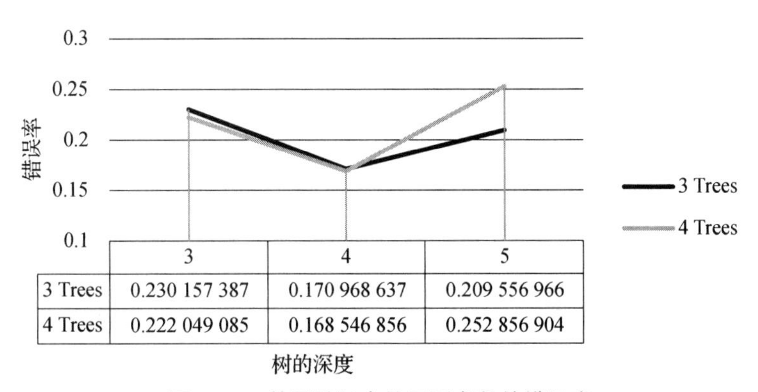

	3	4	5
3 Trees	0.230 157 387	0.170 968 637	0.209 556 966
4 Trees	0.222 049 085	0.168 546 856	0.252 856 904

图 4－8　基于随机森林不同参数的错误率

使用训练数据集 RNA－tr. data 训练，测试时设置不同的树的个数与深度得到的随机森林模型的错误率也不同。

由图 4－8 可以看出使用随机森林算法构建分类模型，随机森林 4 棵树，深度为 4 时，训练出来的模型是最为优秀的，尤其明显的特征为当树的深度为 4 时，错误率相对于其他深度都有明显降低。由于训练的数据量和数据质量有限，整体错误率偏高，加大训练数据和质量，该模型错误率会随之降低。

RNA、Breast Cancer、Mushroom 在使用基于 Spark 云平台、Mahout 云平台和单机进行处理数据时的时间对比图如图 4－9 所示。

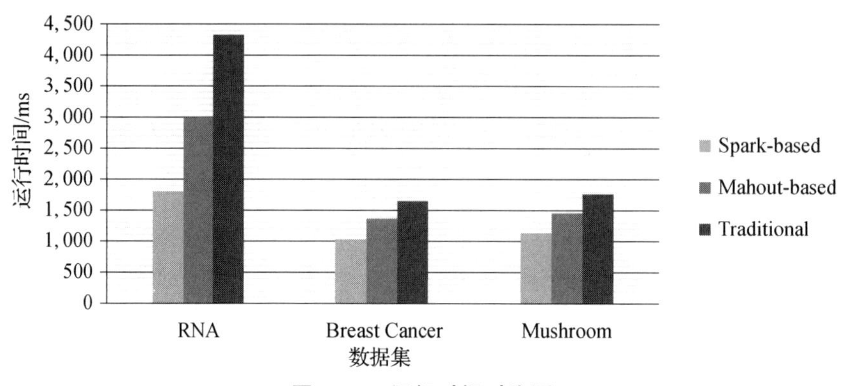

图 4 -9　运行时间对比图

由图 4 -9 可以看出，在云平台上数据量越大，基于 Spark 程序运行速度提高得越明显，而对于小数据量平台与平台、数据与数据之间改善的时间都不明显。

第5章　基于云计算技术的生物大数据可视化分析平台构建

5.1　概述

常见的生物数据可视化类型分别设计和实现基于云计算技术的可视化工具模块，建立和发展具有高用户交互能力的可视化输出结果展示形式，不再单单是传统的静态图表结果。提高可视化输出结果的信息承载量，使用户可以更加有效率地从生物大数据可视化输出结果中获得自己感兴趣的数据特征信息。将云计算技术应用到生物信息学的大数据中，研究了差异表达基因检测，利用统计学中的假设检验，从基因表达谱数据中筛选出潜在的、过表达的癌症样本，检测研究单基因水平的基因表达谱数据。大数据云计算技术是计算机科学中为了解决实际生活中大数据问题而提出的一套技术体系，在生物大数据分析中也被多次证明其实用性和可行性，而本项目则是将其运用在生物大数据可视化方面的一次全新探索和实践。为了解决上述传统数据可视化方案的不足，本项目拟构建基于云计算技术的生物大数据可视化平台，并最终形成一套高效易用的整体化解决方案，其中各个可视化工具密切配合，共同协作完成生物大数据可视化这一重要分析任务。基于云计算技术的生物大数据可视化分析平台构建主要包括：

数据存储与管理：采用云计算技术，构建大规模、分布式的生物数据存储与管理系统，满足生物大数据的存储和管理需求。该系统应支持多种数据格式和标准的生物信息学数据库，如 GenBank、UniProt 等，并提供数据的安全备份和恢复机制。

数据处理与分析：集成多种生物信息学算法和工具，构建基于云计算技术的生物数据处理与分析系统，该系统应支持多种数据分析流程，如基因组组装、基因注释、差异表达分析等，并提供灵活的工作流管理和调度机制。

数据可视化：构建基于云计算技术的生物数据可视化系统，支持多种可视化方式和交互操作，该系统应提供多种可视化工具，如基因组浏览器、热图、网络图等，并支持多种数据格式和标准的可视化库，如 D3. js、Matplotlib 等。

用户管理与协作：构建基于云计算技术的用户管理与协作系统，支持多用户、多角色的权限管理和访问控制，该系统应提供多种用户交互方式，如 Web 界面、命令行界面等，并支持多种协作方式，如在线讨论、共享工作空间等。

系统管理与监控：构建基于云计算技术的系统管理与监控系统，支持多种资源管理和监控功能，该系统应提供多种系统管理工具，如资源监控、任务调度、日志管理等，并支持多种监控方式，如实时监控、历史数据分析等。基于云计算技术的生物大数据可视化分析平台构建需要综合考虑数据存储与管理、数据处理与分析、数据可视化、用户管理与协作以及系统管理与监控等多个方面，以提供高效、可靠、灵活的生物大数据分析服务。

在实际应用中，可以根据实际需求来选择合适的云计算服务和工具，以满足生物大数据的分析需求。

高通量测序技术的不断进步极大地降低了测序成本，同时人们已经知道生物大数据中蕴含着包括生命起源、疾病健康和农作物培育等重要信息，所以近年来世界范围内产生多个大型生物大数据产出项目。这些数据大多存储在公共数据库中，目前欧洲生物信息学研究所（EBI）存储了 2 PB 的数据，美国国立生物技术信息中心（NCBI）存储了超过 3 PB 的数据，同时我国自主创办的生命与健康大数据中心（BIGD）也已建成并对外提供服务。综上可知，生物学已经进入了大数据时代。目前对于生物大数据可视化这一重要任务，很多学者预见到了云计算是可能的解决途径，但是在这一领域依旧缺乏相应成熟的软件，用户只能继续使用传统软件试图完成该任务。这些传统生物学数据可视化可以根据其研究对象的不同被分成四个类别：测序数据（包括基因组学数据、转录组学数据等）可视化，分子结构数据（3D/4D 复杂形状、视图数据）可视化，关系网络数据（生物分子相互作用、基因表达相互作用等数据）可视化和临床数据（电子病历、医学影像等数据）可视化。

5.2 数据可视化

数据可视化则是生物大数据分析中的重要环节，它将文本或者二进制数据的特征信息通过计算机图形学、统计学等技术转变为更加直观生动的图或表，其作用主要包括三个方面：帮助科研人员快速从体积庞大、缺乏组织脉络的原始数据集中抽取出本质特征，为下一步研究工作提供理论指引；抽取出生物大数据中某一维度的特征，以图形化的方式进行直观展示和强调；可以有效地将生物大数据进行解构，去除其中的冗余信息和背景噪声，得到更加具有科学意义的数据分析结果。所以生物学数据可视化贯穿科研工作的各个阶段，生物大数据可视化软件的运行效率、易用与否将直接决定了相关科研人员的工作效率。然而传统的数据可视化方案并没有针对生物大数据做出优化，不能有效解决生物大数据所带来的各项挑战，在以下方面存在着严重不足：

（1）运行效率低。可视化作业需要通过分析计算的方法从体积庞大的生物大数据中抽取得到目标信息，然而由于传统可视化软件并没有考虑到如何应对大规模的海量输入数据集所带来的数据传输压力和计算压力，所以这就导致其运行效率往往较为低下。

（2）交互程度差。传统的可视化软件大多只能产生静态图表结果，缺乏和用户之间交互的能力，用户只能被动接收图表中的信息，无法在短时间内自行探索感兴趣的数据，这一点严重影响了数据展示的直观程度。

（3）不易安装、使用和调试。传统的生物数据可视化软件很多是基于 Linux 命令行实现的，或者需要用户使用 R、Python 等编程语言实现特定的可视化需求，对于非计算机专业用户而言，存在着安装复杂、使用困难的问题，一旦软件出错，也不易调试，很难解决出现的错误。

（4）难于相互配合使用。各个可视化软件往往以独立软件包的形式安装于本地计算机系统，难于找到一种自动化模式，可以使各个软件协同工作，共同完成数据可视化这一任务。

云计算技术是计算机科学中为了解决大数据问题而提出的一套技术体系，在生物大数据分析中也被多次证明其实用性和可行性，而本项目则是将其运用在生物大数据可视化方面的一次全新探索和实践。为了解决上述传统数据可视化方案的不足，本项目拟构建基于云计算技术的生物大数据可视化平台，并最终形成一套高效易用的整体化解决方案，其中各个可视化工具密切配合，共同协作完成生物大数据可视化这一重要分析任务。

虽然目前在生物大数据可视化的相关研究领域中云计算技术缺乏成熟应用，但是许多通用型大数据可视化软件已经流行开来，如 Highcharts、D3 和 ZoomData 等。这些软件大多采用 HTML5 技术实现，有着交互性强、界面美观、易于使用等特点，并且提供动态网页作为输出可视化结果选项，大大方便了软件工具间的整合。经过适配改造，在这些通用型软件的基础上即可开发出部分生物大数据可视化软件。

5.3　生物大数据可视化平台

建立和发展具有高用户交互能力的可视化输出结果展示形式，不再单单是传统的静态图表结果。提高可视化输出结果的信息承载量，使用户可以更加高效率地从生物大数据可视化输出结果中获得自己感兴趣的数据特征信息。针对常见的四种生物数据（测序数据、分子结构数据、关系网络数据和临床数据）可视化类型分别设计和实现基于云计算技术的可视化工具模块。生物大数据可视化平台是一个支持多种生物大数据可视化的系统，旨在帮助研究人员更好地理解和分析生物数据。该平台通常具备以下特点：

支持多种数据格式：生物大数据可视化平台应支持多种生物数据格式，如 FASTA、GFF、BED 等，以便研究人员能够轻松导入和分析自己的数据。

提供多种可视化工具：生物大数据可视化平台应提供多种可视化工具，如基因组浏览器、热图、网络图等，以便研究人员能够根据自己的需求选择合适的可视化方式。

支持交互操作：生物大数据可视化平台应支持交互操作，如缩放、平移、旋转等，以便研究人员能够更好地探索和理解数据。

提供数据分析功能：生物大数据可视化平台通常还提供一些基本的数据分析功能，如差异表达分析、聚类分析等，以便研究人员能够在可视化的同时进行数据分析。

支持多用户协作：生物大数据可视化平台应支持多用户协作，如在线讨论、共享工作空间等，以便研究人员能够更方便地进行合作和交流。

生物大数据可视化平台是一个综合性的系统，旨在帮助研究人员更好地理解和分析生物数据。在实际应用中，可以根据实际需求来选择合适的生物大数据可视化平台。基于动态网页和 HTML5 等技术构建一体化操作平台，并将上述可视化工具模块集成部署至该平台，使用户无须本地安装即可使用这些工具。将平台内不同的可视化工具按照不同的可视化需求有机组合在一起，形成统一标准的可视化分析流程。将云计算技术运用在解决生物大数据可视化问题上的具体方法和策略，包括：云计算的服务模式（PaaS、SaaS 和 IaaS）和基础设施架构在该问题上的应用；云计算的数据分析方法（如 Hadoop、Spark 等）在该问题上的应用。

生物大数据可视化平台的关键技术体系，包括：Web 平台基础设施的建立，如用平台系统安全模块、用户管理模块、可视化工具基本信息管理模块等；可视化工具远程调用接口标准的制定与开发；作业调度模块，保证用户提交的可视化作业按照合理的顺序执行和调度（如启动、暂停、恢复运行、退出等）。平台化的生物大数据管理，如上传、导入、下载和查看等，具有交互能力的生物大数据可视化输出结果。

通过调查文献和专家咨询的方式，确定本项目所要实现的生物大数据可视化工具模块，编写制定每种模块的软件详细需求说明书。目前确定的可视化模块工具包括：测序数据：基于 Track 基因组浏览器、序列文件（Fasta 格式）浏览器、系统发育树浏览器和编辑工具、热图等；分子结构数据：3D/4D/5D 模型浏览和编辑工具；关系网络数据：Cytoscape 工具、igraph 工具、GraphViz 集成工具等；临床数据：CT、MRI 和显微图像浏览工具。

搭建云计算测试环境，包括准备硬件计算机集群（项目依托单位提供，已有相关设备)、安装调试相关云计算基础框架软件。针对每种可视化工具，选择恰当的云计算技术将其编码实现。对于运算逻辑较为简单的可视化工具，可以选用 Hadoop 实现其后端分析算法；对于运算逻辑较为复杂、需要多次循环迭代才能得出结果的可视化任务，应优先选择 Spark 实现。对上述工具模块进行性能测试，并和完成同一可视化任务的传统软件工具之间做对比，验证云计算技术在生物大数据可视化问题中所起的重要作用。具体的性能指标包括时间、加速比和系统资源（内存、CPU 占用率）占用情况等。开发通用的可视化任务远程调度接口，供后续开发的一体化网站平台使用。构建生物大数据可视化平台的动态网站系统，包括前端网页、后端任务执行模块、用户管理模块、系统安全模块等基础设施。将集成后的生物大数据云平台交给合作单位的相关科研人员测试、收集问题，予以改进。

数据可视化是现今大数据分析领域内的研究热点之一，本项目在国内外首次将云计算技术运用于解决生物大数据可视化问题，相比于传统的可视化工具，可以在更短时间内更加高效率地为用户呈现数据可视化结果。将多种类型的生物大数据可视化工具集成部署到一体化的 Web 平台中，对其进行统一管理和运维，用户在本地计算机无须部署即可使用众多的可视化工具，降低其使用门槛，从而提高相关领域科研人员的工作效率，促进生物大数据可视化工具的标准化与流程化。大量采用基于网页的动态可视化技术，使单个可视化结果可以承载更多的数据信息，同时具有高度的可定制性，相比于传统的可视化工具大大提高了其可交互性和展示的直观程度。

建立生物大数据可视化平台的关键技术体系，搭建数据可视化平台，Web 平台基础设施的建立，如用平台系统安全模块、用户管理模块、可视化工具基本信息管理模块等；可视化工具远程调用接口标准的制定与开发；平台化的生物大数据管理，如上传、导入、下载和查看等，具有交互能力的生物大数据可视化输出结果。

5.4 基于 Spark 的聚类算法探讨

针对大数据的分布式处理技术随之产生，主流的大数据处理平台有 Hadoop 和 Spark。Hadoop 处理技术能存储与处理大数据，但不能满足迭代运算需求；Spark 作为基于内存计算大数据处理平台以其高速、多场景适用的特点成为大数据平台的后起之秀。Spark 中的 Spark SQL、Spark Streaming、MLlib 和 graphX 被广泛地应用在各领域。基于 Spark 的聚类算法可以利用 Spark 提供的分布式计算和存储资源，来处理和分析大规模的数据。以下是一些常见的基于 Spark 的聚类算法：

K-means 聚类算法：是一种非常常见的聚类算法，它将数据集分成 K 个不同的簇，使每个数据点到其所属簇的中心点的距离最小。Spark 提供了 MLlib 库中的 K－means 类来实现 K－means 聚类算法，可以利用 Spark 的分布式计算能力来处理大规模的数据。

Gaussian Mixture Model（GMM）聚类算法：是一种基于概率模型的聚类算法，它将数据集分成多个高斯分布组成的混合模型。Spark 提供了 MLlib 库中的 GaussianMixture 类来实现 GMM 聚类算法，可以利用 Spark 的分布式计算能力来处理大规模的数据。

Birch 聚类算法：是一种基于层次的聚类算法，它将数据集分成多个簇，并且每个簇可以用一个聚类特征（CF）来表示。Spark 提供了 MLlib 库中的 Birch 类来实现 Birch 聚类算法，可以利用 Spark 的分布式计算能力来处理大规模的数据。

以上几种基于 Spark 的聚类算法都具有很好的扩展性和并行性，能够处理大规模的数据。同时，Spark 还提供了一些优化技术，如缓存和广播变量，来加速聚类算法的执行。作为人工智能分支的机器学习，其目标是机器不用通过编程就能自学习并对特定对象实现问题的解决。大数据分析及机器学习技术之间有着高度的依赖，在相应领域应用中实现其特定功能，解决现实世界中不同领域的同一性质问题。

5.5 生物信息学中的数据可视化工具

生物信息学极大地促进和加速了生物学家和药理学家的各项工作，可视化工具则是生物信息学的研究热点之一，它们以更加直观的方式将某些生物学概念展示给科研人员。本文对生物信息学中大分子的主要数据可视化工具做了详细介绍，这些工具可以辅助相关科研人员完成大分子分析以及配体与结合中心的开发和建模任务。

5.5.1 生物信息学

生物信息学是一门采用现代计算机方法解决 DNA 和 RNA 中核酸或蛋白质中氨基酸问题的学科，它还将研究上述大分子的演化规律、元素序列与空间之间的关系、大分子的结构及其物理性质和功能。当前生物信息学的主要研究热点包括进化、序列中基因的搜索和注释、组装和基因组解释，外显子－内含子的相互作用研究，基因蛋白质的关系，比较基因组学和蛋白质组学，蛋白质的进化和基因组，系统发育，结构生物学等。可视化工具则是在生物信息学中常见的软件类型，它们利用计算机软件技术为科研人员提供了一种直观的、可交互的方式用于研究和理解生物微观结构。这些可视化工具极大地加速了生物学与医学相关领域中的研究工作，提高了科研人员的工作效率。本文将介绍一些常见的生物信息学数据可视化工具并对其实现原理做简单介绍。

5.5.2　常用可视化工具

Swiss PDB Viewer（也称为DeepView）是由瑞士生物信息学研究所提供的蛋白质可视化和建模的软件包，它的特点是免费、知名、强大且易于使用。PDB查看器允许用户对数据进行基本操作（在多肽链上构建循环、执行突变、改变，使用扭转角图表构造链等），也可以使用GROMACS96方法计算最小化分子势能，并能通过氨基酸序列比对以构建同源性的模型结构（程序在远程Swiss-Model服务器上执行），还可以产生蛋白质分子结构排列。PDB查看器可以与脚本进行集成，以自动化的方式完成常见分析任务。

VMD（视觉分子动力学）和PyMol是功能更加强大且免费的数据可视化软件，两者都支持使用Python编写脚本，产生的可视化效果也具有非常良好的图形质量。

除了免费软件，生物信息学中也有很多收费商业软件，如Accelrys Discovery Studio（http://accelrys.com/），它可以解决分子建模中的许多任务。该软件拥有精心打造的UI和高级图形引擎。Accelrys Discovery Studio可以集成到Accelrys Pipeline中，完成试点建模、模拟和构建蛋白质复合体等任务，通过该软件包还可以动态研究它们的相互作用，开发蛋白质和制作QSAR（定量的结构-活性关系）。Accelrys Discovery Studio还允许研究停靠序列，研究蛋白质结合位点的特性，运行复杂的AB从头开始模拟等。

Circos是一个用于可视化数据和信息的软件包，它以精美的圆形布局可视化数据——这使Circos成为探索对象或位置之间关系的理想选择。圆形布局之所以具有优势还有其他原因，其中最重要的原因是它很有吸引力。Circos是灵活的，虽然最初设计用于可视化基因组数据，但它可以从任何领域的数据创建图形——从基因组学到可视化迁移再到数学艺术。Circos非常适合描述关系或一个或多个尺度的多层注释的数据，同时Circos也可以完成自动化任务，它由纯文本配置文件控制，这使它可以轻松地合并到数据采集、分析和报告管道中（数据管道是一个多步骤过程，其中数据由多个通常独立的工具进行分析，每个工具将其输出作为输入，输入下一步）。

RasMol是一个分子图形程序，用于蛋白质、核酸和小分子的可视化。该软件旨在展示、教学和生成出版质量的图像。RasMol可在广泛的体系结构和操作系统上运行，包括Microsoft Windows、Apple Macintosh、UNIX和VMS系统。UNIX和VMS版本需要8、24或32位彩色X Windows显示器（X11R4或更高版本）。RasMol的X Windows版本为硬件拨号框和加速共享内存通信（通过XInput和MIT-SHM扩展）提供可选支持（如果在当前X服务器上可用）。该程序读入分子坐标文件并以各种颜色方案和分子表示在屏幕上交互显示该分子。当前可用的可视化形式包括深度线索线框、“Dreiding”棒、空间填充（CPK）球体、球和棒、固体和链生物分子带、原子标签和点表面。

5.6 农业生物数据分析

以农业生产田间管理实际统计数据分析为例，探讨生物数据可视化直观展现生物学数据，帮助科学分析数据结果，如同时间或空间相关的信息等通过计算机图形学、统计学等技术转变为更加直观生动的图或表，将抽象的信息进行直观的分析并表示出来，有助于更好地理解数据，增强认知数据。农业生物数据分析是指利用统计学和计算机科学等方法对农业生物数据进行处理和分析，以揭示其内在规律和挖掘有用的信息。常见的农业生物数据分析方法如下：

描述性统计分析：可以用来描述数据集的基本特征，如平均值、标准差、最大值、最小值等，以了解数据的分布情况和集中趋势。

方差分析：可以用来比较不同组之间的差异，以判断不同处理或不同品种对农作物产量、品质等的影响。

主成分分析：可以用来分析多个变量之间的关系，以找出影响农作物产量、品质等的主要因素。

聚类分析：可以将相似的样本聚在一起，以便更好地理解和分类数据。在农业生物数据分析中，聚类分析可以用来研究不同品种或不同环境下的农作物生长和发育规律。

关联分析：可以用来研究不同变量之间的关联程度，以揭示农作物生长和发育的潜在机制。

预测模型：可以利用历史数据来预测未来的趋势，以便更好地制定农业生产和经营策略。在农业生物数据分析中，预测模型可以用来预测农作物产量、品质等的变化趋势。

实际应用中，农业生物数据分析通常需要将多种方法结合起来使用，以便更好地理解和解决农业生产中的问题。同时，随着云计算、大数据和人工智能技术的发展，农业生物数据分析也将越来越依赖于计算机技术和算法的发展。

5.6.1 数据可视化的过程

实现大数据可视化的过程一般需要有数据获取、数据变换、数据分析与数据展现。数据分析和数据可视化在生物大数据可视化分析流程中为计算处理，数据分析包括基于表结构和关系函数的查询分析，基于数据、事件流的流分析，基于图、矩阵、迭代计算的复杂分析；可视化通常为对分析结果的展示，通过交互、提问等形成迭代的分析和可视化。数据可视化过程包括以下几个步骤：

确定数据可视化的目的：在开始数据可视化之前，需要明确数据可视化的目的和目标受众，以便选择合适的可视化方式和工具。

数据收集和处理：在进行数据可视化之前，需要收集和处理所需的数据。这可能涉及数据的清洗、转换和整合等过程，以确保数据的准确性和一致性。

选择合适的可视化方式和工具：根据数据可视化的目的和目标受众，选择合适的可视化方式和工具。这可能包括图表、图形、图像、动画等多种形式，以及不同的可视化工具和软件。

设计可视化布局和样式：根据所选的可视化方式和工具，设计可视化布局和样式。这包括确定图表的标题、坐标轴、图例等元素的位置和样式，以及选择适当的颜色、字体和大小等。

创建可视化作品：使用所选的可视化工具和软件，创建可视化作品。这包括将数据导入工具中，选择合适的图表类型，调整布局和样式等。

测试和优化：在创建可视化作品后，进行测试和优化。这可能包括检查图表是否易于理解和阅读，调整图表元素的大小和位置，以及优化颜色搭配等。

发布和分享：完成测试和优化后，将可视化作品发布和分享给目标受众。这可能包括将图表嵌入网页或报告中，或将图表导出为图片或动画等形式进行分享。

数据可视化的过程是一个迭代和优化的过程，需要根据实际情况不断调整和改进，以便更好地展示数据和传达信息。

5.6.2　农业生产田间管理生物数据分析可视化

农业生产田间管理生物数据分析可视化可以包括如下：数据采集，使用传感器、无人机等设备采集农业生产田间管理相关的生物数据，如土壤湿度、温度、光照强度、植物生长情况等；数据预处理，对采集到的数据进行清洗、转换和整合等预处理工作，以确保数据的准确性和一致性；数据分析，使用统计学和计算机科学等方法对预处理后的数据进行分析，以揭示其内在规律和挖掘有用的信息。例如，可以使用聚类分析将相似的样本聚在一起，以便更好地理解和分类数据；可以使用关联分析研究不同变量之间的关联程度，以揭示农作物生长和发育的潜在机制；数据可视化，根据数据分析的结果，选择合适的可视化方式和工具，将数据呈现为图表、图形、图像等形式，以便更好地展示数据和传达信息，例如，可以使用折线图展示土壤湿度随时间的变化情况；可以使用热图展示不同品种农作物的产量和品质差异；决策支持，基于数据可视化的结果，为农业管理者提供决策支持，包括农作物种植、施肥、浇灌等方面的建议和优化方案；可以通过数据可视化、报表、预警等方式向用户提供决策支持；远程控制与管理，通过物联网系统实现对农业设备的远程监控和控制；可以通过手机、电脑等终端设备远程操作设备，如开关灯、控制水泵、调节温度等。农业生产田间管理生物数据分析可视化可以帮助农业管理者更好地了解农作物生长和发育的情况，制定更科学合理的农业生产和经营策略，提高农业生产效率、节约资源和保护环境、提高农业收入并带动农村发展。

下面以农业田间管理的数据进行分析，探讨农业生物数据可视化分析。

5.6.2.1 田间管理

以田间管理数据分析为例。在2019年5月20日进行玉米播种，行长5 m，行距0.60 m，每行种植20株，采用垄上直播。玉米三叶期对田间种植的转基因玉米材料进行抗除草剂草铵膦筛选，筛选方式为叶喷施，筛选效果明显。对于缺株小区进行移苗。间苗完毕后，采用点播器施肥法，即在三叶期使用点播器将化肥点施于两株苗之间，其中100%施氮量每穴施肥11.24 g，70%施氮量每穴施肥8.43 g，0%施氮量不施肥。

5.6.2.2 数据测定

在苗期、拔节期、大喇叭口期、抽雄开花期分别测定叶绿素相对含量；抽雄吐丝期测定植株株高、穗位高。收获时测定植株生物产量、果穗产量等；室内考种时测定植株干重、果穗产量构成因子等。

5.6.2.3 不同梯度不同时期叶绿素含量

整理不同梯度不同时期叶绿素含量数据，统计如表5－1所示。

对表5－1数据做分析，形成叶绿素含量条形图，如图5－1所示。

表5－1 不同梯度不同时期叶绿素含量

名称	苗期叶绿素含量			拔节期叶绿素含量			大喇叭口期叶绿素含量			棒三叶叶绿素含量		
	100% N	70% N	0% N	100% N	70% N	0% N	100% N	70% N	0% N	100% N	70% N	0% N
商业杂交种郑单958	37.4	39.7	42.2	54.9	52.0	46.1	26.9	33.1	33.4	22.9	31.9	31.3
郑单958（aa）	36.8	51.5	44.0	57.8	48.6	42.0	28.2	28.3	35.6	22.5	27.8	33.4
郑单958（aa×aa）	36.5	44.3	41.2	54.9	47.6	45.8	28.2	29.0	35.0	23.7	31.2	29.2
郑单958－np1	41.8	44.2	44.9	53.4	45.7	42.9	25.8	30.5	34.3	22.2	27.7	29.4
郑单958－sd1	39.0	46.1	45.8	52.1	48.7	41.2	26.0	30.8	35.7	22.6	29.1	27.8

续表

名称	苗期叶绿素含量			拔节期叶绿素含量			大喇叭口期叶绿素含量			棒三叶叶绿素含量		
	100% N	70% N	0% N	100% N	70% N	0% N	100% N	70% N	0% N	100% N	70% N	0% N
郑单958 - ms1	42.3	39.6	44.4	51.6	50.8	44.4	29.9	29.5	33.0	23.3	31.3	31.9
郑单958 - zm1	43.0	51.0	40.2	49.1	46.9	44.6	35.2	29.1	32.9	24.2	30.1	31.8
郑单958 - np1/np1	44.4	38.9	40.0	47.8	45.0	43.2	28.5	30.9	35.4	24.0	32.4	32.3
郑单958 - sd1/np1	43.1	39.3	40.6	48.3	44.4	45.1	27.8	34.3	35.8	24.6	32.4	33.0
郑单958 - ms1/np1	43.9	40.5	38.3	48.7	51.5	38.3	27.0	37.0	32.4	25.8	34.5	27.7
郑单958 - zm1/np1	44.9	46.4	40.1	46.4	45.0	43.6	27.1	31.8	36.0	26.7	30.7	29.5

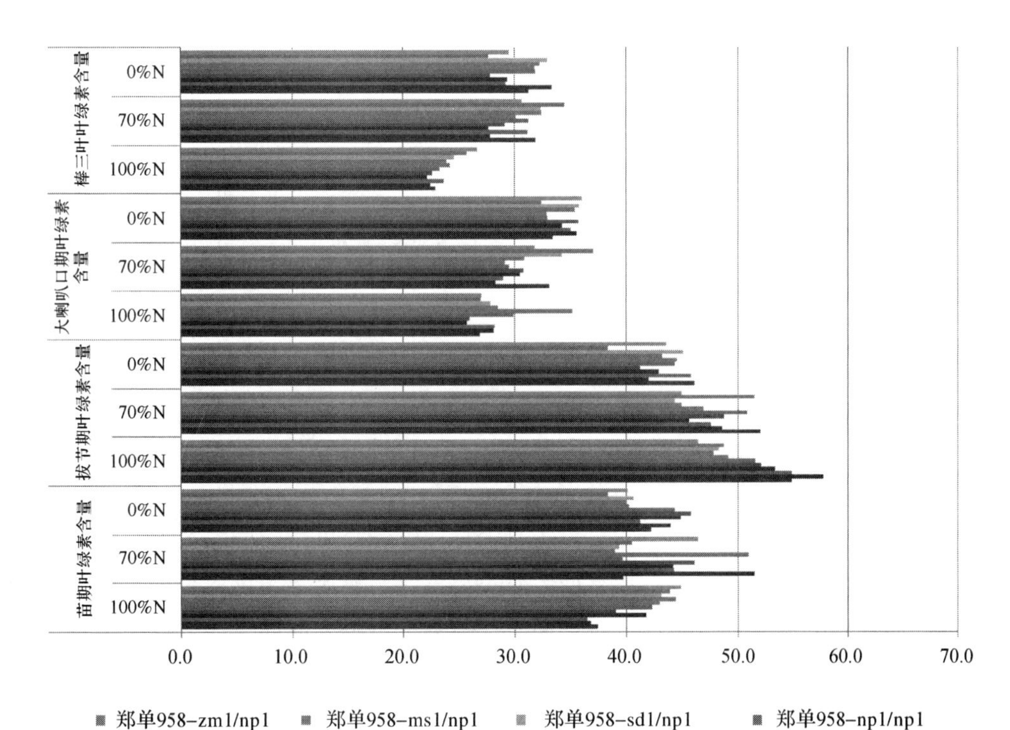

图 5 - 1　叶绿素含量条形图（书后附彩插）

苗期所有转化体叶绿素含量显著高于其他三个对照期，红色部分是数据增加的；p1 和 sd1 转化体在不同氮肥浓度下苗期均高于对照；推测两个转化体提高了苗期吸氮能力；转化体拔节期叶绿素含量降低；大喇叭口期含量相比增加；ms1 和 zm1 在棒三叶期叶绿素含量呈现增加趋势；推测两个转化体提高氮转运和分配能力。

5.6.2.4 不同梯度田株高

整理不同梯度田株高数据，统计如表 5－2 所示，对表 5－2 做分析，形成叶绿素含量条形图，如图 5－2 所示。

表 5－2 不同梯度田株高

名称	株高/cm		
	100% N	70% N	0% N
商业杂交种郑单 958	290.7	298.7	293.3
郑单 958（aa）	270	271.8	272.2
郑单 958（aa × aa）	271	272.1	280.3
郑单 958 － np1	281.6	267.8	267.8
郑单 958 － sd1	288.2	290.1	295.7
郑单 958 － ms1	264.4	277	277.4
郑单 958 － zm1	289	287.5	287.5
郑单 958 － np1/np1	281.6	284.4	271.3
郑单 958 － sd1/np1	304.9	296.5	291.6
郑单 958 － ms1/np1	293.1	288.6	276.3
郑单 958 － zm1/np1	291.4	284.9	286.5

商业杂交种郑单 958 与郑单 958（aa）、郑单 958（aa × aa）相比，株高差异较大；郑单 958 系列受氮肥浓度影响不大。

本研究观察了玉米生长不同时期，对于有限样本的观察得到的测试数据，通常也具有变隐性、偶然性和局部性，或者说在表面上看来这些原始数据是杂乱文章的，因此，必须要对这些原始观察的数据进行整理分析。通常在数据分析组方面如果比较复杂的话，也就采用数据分组的方法来分析如玉米苗期、拔节期、大喇叭口期、抽雄开花期的叶绿素相对含量，和抽雄吐丝期的玉米植株株高、穗位高以及收获时的植株生物产量、果穗下场产量，在室内考种时测定植株干重、果穗产量构成因子等，分析不同时期不同状态数据的总体结构，并简化了数据运算程序。

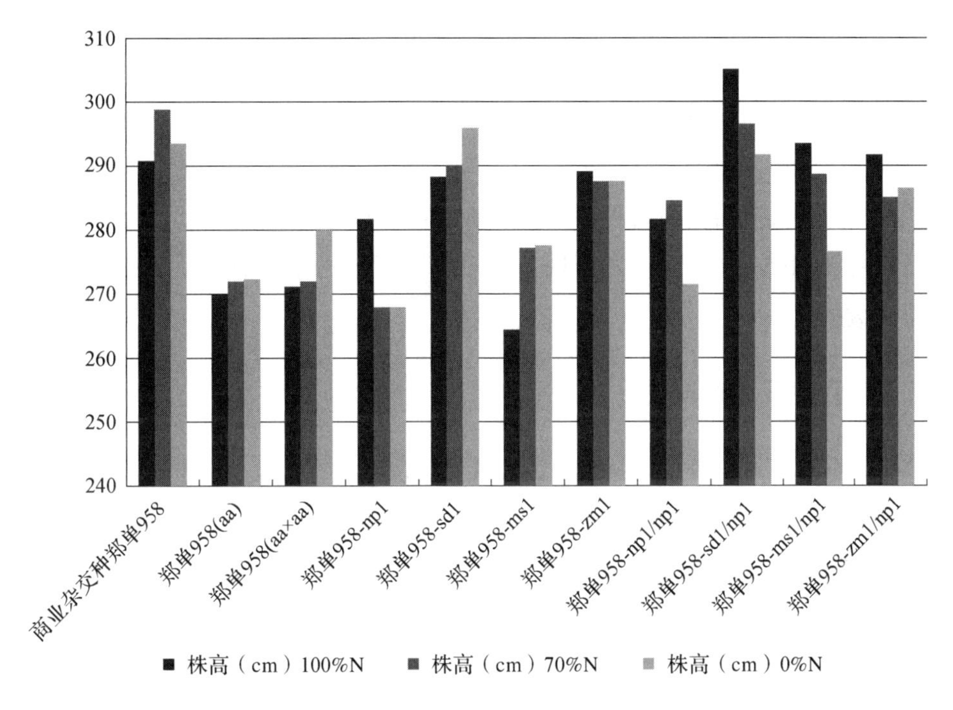

图5-2 不同梯度田株高

5.6.3 生物数据可视化

生物大数据可视化分析是指利用计算机图形学和统计学等方法，将生物大数据呈现为直观的图表、图形或图像，以便更好地理解和分析数据。以下是一些常见的生物大数据可视化分析方法：

基因组浏览器：是一种用于可视化基因组数据的工具，可以将基因组序列、注释信息、变异数据等整合在一起，以交互式的方式呈现给用户。用户可以通过缩放、平移等操作浏览基因组的不同区域，并查看相关的注释信息和变异数据。

热图：是一种用于可视化矩阵数据的图表类型，可以将高维数据以颜色的方式呈现出来。在生物学中，热图常用于展示基因表达数据、蛋白质相互作用数据等。通过颜色梯度表示数据的大小和变化趋势，可以直观地看出不同样本或不同基因之间的表达差异和相关性。

聚类树图：是一种用于可视化聚类分析结果的图表类型，可以将聚类结果以树状图的方式呈现出来。在生物学中，聚类树图常用于展示基因聚类、物种聚类等结果。通过聚类树图可以直观地看出不同样本或不同物种之间的相似性和亲缘关系，帮助用户更好地理解生物多样性和演化历程。

生物大数据可视化分析可以帮助研究人员更好地理解和分析生物学数据，揭示生物系统的复杂性和调控机制，为生物学研究和应用提供重要的支持和指导。

5.7 基因组大数据可视化平台

本软件是一种具有很高易用性、高定制性、高性能的基因组大数据可视化浏览器平台，可以使用 HTML5 的可视化方式展现基因组序列、位点变异信息、基因表达信息、Hi－C 等基因组大数据集。

5.7.1 软件安装部署

本软件目前只支持安装在 Ubuntu Linux 环境中，以下安装步骤以 Ubuntu 20.04.3 系统为例。

（1）安装必要系统依赖组件。

（2）sudo apt install build－essential zlib1g－dev。

（3）设置下载镜像。

（4）npm config set registry http://r.cnpmjs.org

npm config set puppeteer_download_host = http://cnpmjs.org/mirrors

export ELECTRON_MIRROR = http://cnpmjs.org/mirrors/electron/。

（5）安装 node，npm，如图 5－3 所示。

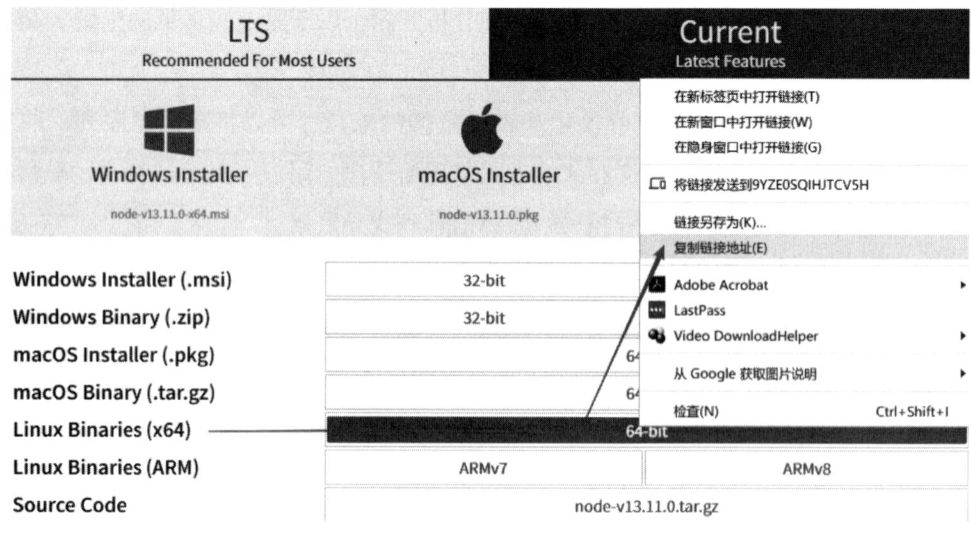

图 5－3 安装 node

（6）wget https://nodejs.org/dist/v13.11.0/node－v13.11.0－linux－x64.tar.xz。

（7）tar －xvf node－v13.11.0－linux－x64.tar.xz。

(8) cd node – v13. 11. 0 – linux – x64/bin。

(9) ln –s /www/node – v13. 11. 0 – linux – x64/bin/node /usr/local/bin/node。

(10) ln – s /www/node – v13. 11. 0 – linux – x64/bin/npm /usr/local/bin/npm。

(11) 安装 LAMP 环境。

(12) 从 https://www. apachefriends. org/download. html 下载 LAMP 的安装包，如图 5 – 4 所示。

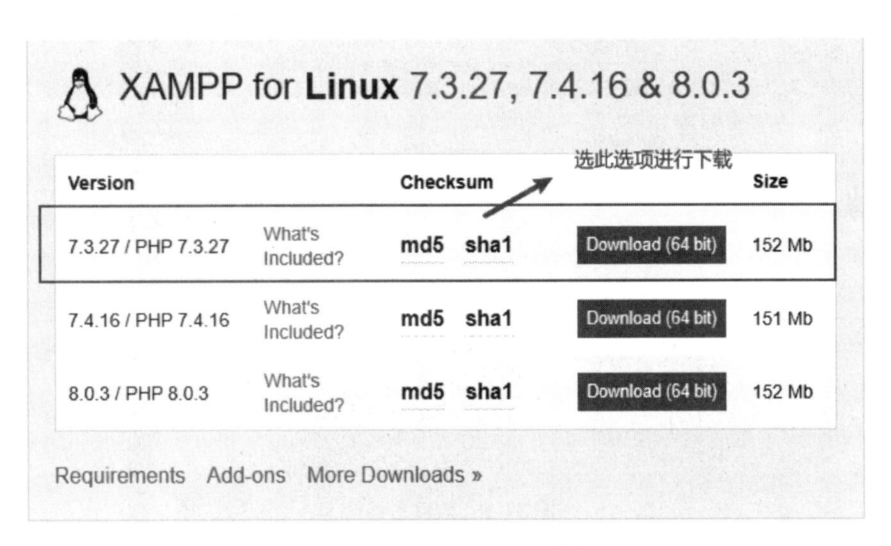

图 5 – 4 下载 LAMP 安装包

(13) sudo chmod 777 xampp – linux – x64 – 7. 0. 15 – 0 – installer. run。

(14) ./xampp – linux – x64 – 7. 0. 15 – 0 – installer. run。

(15) sudo /opt/lampp/lampp start。

(16) 安装本软件（本软件安装包为 gvp. tgz）。

(17) cd /opt/lampp/htdocs。

(18) tar zxvf gvp. tgz –C /tmp。

(19) sudo mv /tmp/gvp /var/www/html/gvp。

(20) /var/www/html/gvp/install. sh。

(21) 安装成功后，打开浏览器，输入系统网址后可见本软件的系统主界面。

5. 7. 2 软件主界面

本软件主界面如图 5 – 5 所示，主要分为以下若干操作区域：

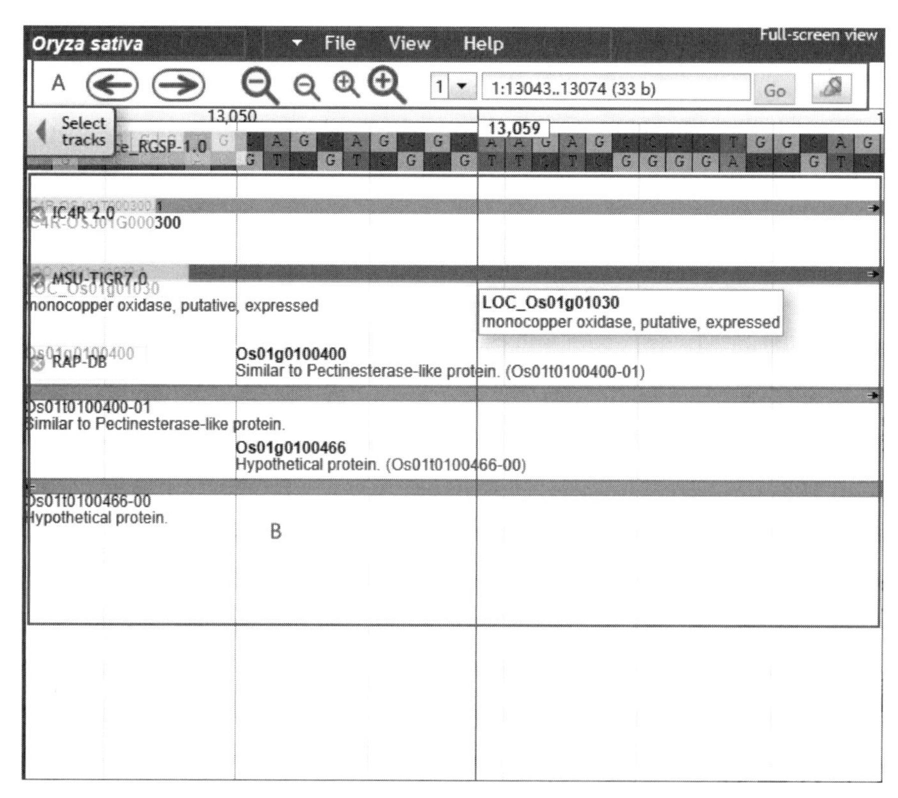

图5－5　软件主界面

A—导航区；B—生物大数据展示区；C—功能菜单；D—生物大数据基本信息区

5.7.3　详细功能与使用手册

1. 线性基因组视图使用

要启动线性基因组视图，请单击菜单栏 File -> Add -> Linear 基因组视图。

2. 使用地点搜索框

（1）使用 LGV 中的搜索框。

（2）输入语法 chr1：1－100 或 chr1：1..100。

（3）也可以使用 locstring ｛hg19｝ chr1：1～100 指定程序集名称。

3. 滚动

鼠标滚轮可以左右滚动以及单击和拖动。平移按钮也存在于线性基因组视图的标签中。

4. 缩放

缩放按钮存在于线性基因组视图的标签中，并且还有一个滑动条可以放大和缩小。

注意：还可以按住“Ctrl”键并使用鼠标滚轮或触控板滚动，这将放大和缩小。

5. 重新排序轨道

轨道标签上有一个拖动手柄，由六个点表示，单击并拖动轨道标签的这一部分可以对轨道重新排序。

5.7.4 基因组大数据可视化平台源代码

```
-----------------------源代码开始 ----- 版本 v1.0 ----------------------
class ApplicationController < ActionController::Base

  include Qomo::HDFS

  protect_from_forgery with: :exception

  before_action:authenticate_user!,except: [:guest_sign_in]

before_filter :configure_permitted_parameters, if: :devise_controller?
  before_filter :prepare_hdfs


  def uid
    current_user.id
  end


  def engine
    Jimson::Client.new Settings.engine.url
  end


  def guest_sign_in
    guest = User.guest
    guest.save
    guest.remember_me!
    sign_in_and_redirect guest, event: :authentication
```

```
    end

    protected

    def configure_permitted_parameters
  devise_parameter_sanitizer.for(:sign_up){|u|
  u.permit(:username, :email, :password, :password_confirmation, :remember_me)}
  devise_parameter_sanitizer.for(:sign_in){|u|u.permit(:login, :username, :
email, :password, :remember_me)}
    end


    def prepare_hdfs
      if user_signed_in?
        hdfs.umkdir uid, '.tmp'
      end
    end

  end
  class DatastoreController < ApplicationController

    def index
       @dir = params['dir'] || ''
       @dir = '' if @dir == '#'
       @dir = @dir[1..-1] if @dir.start_with? '/'

       @files = hdfs.uls uid, @dir

       @files.each do |e|
        meta = FileMeta.find_by_path hdfs.ppath(uid, @dir, e['pathSuffix'])
        meta || = FileMeta.new
        e['meta'] = meta
        if e['type'] == 'DIRECTORY'
          length = 0
          concat = false
          (hdfs.uls uid, @dir, e['pathSuffix']).each do |se|
            if se['pathSuffix'].start_with? 'part-'
```

```
            concat = true
            length += se['length']
          end
        end
          if concat
            e[ 'length '] = length
            e[ 'type '] = 'FILE '
          end
        end
      end

      respond_to do |format|
        format.html
        format.json do
          files_tree = @files.collect do |e|
            {
                text: e['pathSuffix'],
                id: @ dir.blank? ? e[ 'pathSuffix '] : File.join(@ dir, e
['pathSuffix']),
                children: e['type'] == 'DIRECTORY',
                icon: e['type'] == 'DIRECTORY' ? 'fa fa - folder' : 'fa fa -
file - o'
            }
          end
          render json: files_tree
        end
      end

    end


    def public
      @files = []
    end


    def public_search
```

```
        username = params['username']
        filename = params['filename']
        filepath = params['filepath']

        @files = []

        if not username.blank?
          user = User.find_by_username username
          if user
            FileMeta.where('path like ? and pub = ? ', "#{user.id}/% ", 'true')
.each do |e|
              f = hdfs.stat(File.join 'users', e.path)
              f['pathSuffix'] = e.path
              f['path'] = File.join 'public', e.path
              @files << f
            end
          end

        elsif not filename.blank?
          FileMeta.where('path like ? and pub = ? ', "% #{filename} % ", 'true').
each do |e|
            f = hdfs.stat(File.join 'users', e.path)
            f['pathSuffix'] = e.path
            f['path'] = File.join 'public', e.path
            @files << f
          end
        elsif not filepath.blank?
          username = filepath[1..filepath.index(':') -1]
          user = User.find_by_username username
          path = filepath[filepath.index(':') +1.. -1]
          if user
            FileMeta.where('path = ? and pub = ? ', "#{user.id}/#{path}", 'true').
each do |e|
              f = hdfs.stat(File.join 'users', e.path)
              f['pathSuffix'] = e.path
              f['path'] = File.join 'public', e.path
              @files << f
```

```
        end
      end
    end

    render 'public'
  end

  def upload

  end


  def upload_do
    hdfs.ucreate uid, open(params['file'].tempfile), params['filename']
    render json: {success: true}
  end


  def delete
    params['filenames'].each do |filename|
      hdfs.udelete uid, filename
    end
    render json: {success: true}
  end


  def download
    send_file downloadable_path, filename: params['filename']
  end


  def view
    send_file downloadable_path, disposition: 'inline', type: 'text/plain'
  end


  def mark_public
```

```
    fp = hdfs.ppath uid, params['dir'], params['filename']
    if params['mark'] == 'true'
      meta = FileMeta.find_or_create_by path: fp
      meta.pub = true
      meta.save
    else
      meta = FileMeta.find_by path: fp
      meta.pub = false
      meta.save
    end

    render json: {success: true}
  end


  protected

  def downloadable_path
    user_id = ''
    path = ''
    if params['path']
      path = params['path']
      if path.start_with? 'public'
      path = path[6.. -1]
      user_id = path.split('/')[0]
      path = path.split('/')[1.. -1].join('/')
    else
      user_id = uid
    end

  else
    user_id = uid
    path = File.join params['dir'], params['filename']
  end

  hdfs.uread user_id, path
end
```

```
end

class DatastoreController < ApplicationController

  def index
    @dir = params['dir'] || ''
    @dir = '' if @dir == '#'
    @dir = @dir[1..-1] if @dir.start_with? '/'

    @files = hdfs.uls uid, @dir

    @files.each do |e|
      meta = FileMeta.find_by_path hdfs.ppath(uid, @dir, e['pathSuffix'])
      meta ||= FileMeta.new
      e['meta'] = meta
      if e['type'] == 'DIRECTORY'
        length = 0
        concat = false
        (hdfs.uls uid, @dir, e['pathSuffix']).each do |se|
          if se['pathSuffix'].start_with? 'part-'
            concat = true
            length += se['length']
          end
        end
        if concat
          e['length'] = length
          e['type'] = 'FILE'
        end
      end
    end

    respond_to do |format|
      format.html
      format.json do
        files_tree = @files.collect do |e|
          {
              text: e['pathSuffix'],
```

```
                id:@dir.blank?? e['pathSuffix'] : File.join(@dir, e['pathSuffix']),
                children: e['type'] == 'DIRECTORY',
                icon: e['type'] == 'DIRECTORY' ? 'fa fa-folder' : 'fa fa-file-o'
            }
          end
          render json: files_tree
        end
      end

    end


    def public
      @files = []
    end


    def public_search
      username = params['username']
      filename = params['filename']
      filepath = params['filepath']

      @files = []

      if not username.blank?
        user = User.find_by_username username
        if user
          FileMeta.where('path like ? and pub = ? ', "#{user.id}/% ", 'true').each
do |e|
            f = hdfs.stat(File.join 'users', e.path)
            f['pathSuffix'] = e.path
            f['path'] = File.join 'public', e.path
            @files << f
          end
        end

      elsif not filename.blank?
```

```
        FileMeta.where('path like ? and pub = ? ', "% #{filename} % ", 'true').each
do |e|
          f = hdfs.stat(File.join 'users', e.path)
          f['pathSuffix'] = e.path
          f['path'] = File.join 'public', e.path
          @files << f
        end
      elsif not filepath.blank?
        username = filepath[1..filepath.index(':') -1]
        user = User.find_by_username username
        path = filepath[filepath.index(':') +1.. -1]
        if user
          FileMeta.where('path = ? and pub = ? ', "#{user.id} /#{path}", 'true').
each do |e|
            f = hdfs.stat(File.join 'users', e.path)
            f['pathSuffix'] = e.path
            f['path'] = File.join 'public', e.path
            @files << f
          end
        end
      end

      render 'public'
    end


    def upload

    end


    def upload_do
      hdfs.ucreate uid, open(params['file'].tempfile), params['filename']
      render json: {success: true}
    end


    def delete
```

```
    params['filenames'].each do |filename|
      hdfs.udelete uid, filename
    end
    render json: {success: true}
  end


  def download
    send_file downloadable_path, filename: params['filename']
  end


  def view
    send_file downloadable_path, disposition: 'inline', type: 'text/plain'
  end


  def mark_public
    fp = hdfs.ppath uid, params['dir'], params['filename']
    if params['mark'] == 'true'
      meta = FileMeta.find_or_create_by path: fp
      meta.pub = true
      meta.save
    else
      meta = FileMeta.find_by path: fp
      meta.pub = false
      meta.save
    end

    render json: {success: true}
  end


  protected

  def downloadable_path
    user_id = ''
```

```
    path = ''
    if params['path']
      path = params['path']
      if path.start_with? 'public'
        path = path[6.. -1]
        user_id = path.split('/')[0]
        path = path.split('/')[1.. -1].join('/')
      else
        user_id = uid
      end

    else
      user_id = uid
      path = File.join params['dir'], params['filename']
    end

    hdfs.uread user_id, path
  end

end
class JobsController < ApplicationController

  def summary
    tmps = hdfs.uls uid, '.tmp'

    all_success = true
    @summaries = JSON.parse(engine.job_status_user uid)
    @summaries.each do |j|
      j['units'].each do |u|
        u['title'] = Tool.find(u['tid']).title

        all_success = (u['status'] == 'SUCCESS')
      end
    end

    #Clean up.tmp dir
    if all_success
```

```
      tmps.each do |e|
        hdfs.udelete uid, '.tmp', e['pathSuffix']
      end
    end

    render layout: nil
  end

end
require 'rgl/adjacency'
require 'rgl/topsort'

class WorkspaceController < ApplicationController

  def index
    @groups = ToolGroup.all
    @action = flash[:action]
    @pid = flash[:pid]
  end


  def run
    #Job id
    jid = SecureRandom.uuid

    output_prefix = hdfs.upath uid, job_output_dir(jid)
    hdfs.mkdir output_prefix

    preset = {}
    preset['STREAMING_JAR'] = Settings.lib_path Settings.lib.streaming
    preset['QOMO_COMMON'] = Settings.lib_path Settings.lib.common
    preset['HADOOP_BIN'] = Settings.hadoop.bin

    env = {}
    env['HADOOP_USER_NAME'] = Settings.hdfs.web.user

    boxes = JSON.parse params['boxes']
```

```
    conns = JSON.parse params['connections']

    units = {}

    #Fill the blank output param
    boxes.each do |k, v|
      tool = Tool.find v['tid']

      tool.params.each do |e|
        if e['type'] == 'tmp'
boxes[k]['values'][e['name']] = File.join '.tmp', SecureRandom.uuid
        end

        v['values'].each do |ka, va|
          if e['name'] == ka
            if e['type'] == 'output'
              if va.blank?
                boxes[k]['values'][ka] = File.join '.tmp', SecureRandom.uuid
              else
                boxes[k]['values'][ka] = File.join job_output_dir(jid), va
              end
            end
          end
        end
      end
    end

    #Copy output param to input param for connected tools
dg = RGL::DirectedAdjacencyGraph.new
     conns.each do |e|
       dg.add_edge e['sourceId'], e['targetId']

       if
boxes[e['targetId']]['values'][e['targetParamName']].blank?
boxes[e['targetId']]['values'][e['targetParamName']] =
boxes[e['sourceId']]['values'][e['sourceParamName']]
       else
```

```
boxes[e['targetId']]['values'][e['targetParamName']] +=
",#{boxes[e['sourceId']]['values'][e['sourceParamName']]}"
      end
    end

    #Generate commands
    boxes.each do |k, v |
      tool = Tool.find v['tid']
      command = tool.command.dup

      preset.merge(v['values']).each do |ka, va|
        if va.kind_of? Array
          separator = ''
          tool.params.each do |p|
            separator = p['separator'] if p['name'] == ka
          end
          va = va.join separator
        end

        tool.params.each do |e|
          if e['name'] == ka
            case e['type']
              when 'input'
                va = va.split ','
                va = va.collect do |ev|
                  if ev.start_with? '@'
                    username = ev[1, ev.index(':') -1]
                    user = User.find_by username: username
                    ev = hdfs.uapath user.id, ev[ev.index(':') +1 .. -1]
                  else
                    ev = hdfs.uapath uid, ev
                  end
                  ev
                end

                va = va.join ','

              when 'output'
```

```
                va = hdfs.uapath uid, va
              when 'tmp'
                va = hdfs.uapath uid, va
            end

          end
        end

        command.gsub! /\#{#{ka}}/, va.to_s
      end

      units[k] = {id: k, tid: tool.id, command: command, wd: tool.dirpath, env:
env}
    end

    ordere_units = dg.topsort_iterator.to_a

    if ordere_units.length == 0
      ordere_units = units.values
    else
      ordere_units = ordere_units.collect { |e| units[e]}
    end

    pp ordere_units
    engine.job_submit uid, jid, MultiJson.encode(ordere_units)

    render json: {success: true}
  end


  def load
    pipeline = Pipeline.find params['id']
    if pipeline.owner.id ! = current_user.id
      my_pipeline = Pipeline.new title: 'My' + pipeline.title,
  desc: pipeline.desc,
  boxes: pipeline.boxes,
  connections: pipeline.connections,
```

```
params: pipeline.params,
owner_id: current_user.id

      my_pipeline.save
      pipeline = my_pipeline
    end

    flash[:action] = 'load'
    flash[:pid] = pipeline.id
    redirect_to action: 'index'
  end


  def merge
    flash[:action] = 'merge'
    flash[:pid] = params['id']
    redirect_to action: 'index'
  end


  protected

  def job_output_dir(jid)
    "job-#{jid}"
  end


end
class ToolsController < ApplicationController

  layout 'tools'

  def index
    @tools = Tool.active
  end


  def my
```

```
    @tools = Tool.belongs_to_user current_user
  end


  def box
    tool = Tool.find params['id']

    if params['bid']
      id = params['bid']
    else
      id = SecureRandom.uuid
    end

    @boxes = [{id: id, tool: tool}]

    render 'boxes', layout: nil
  end


  def boxes
    @boxes = params.require('box').map do |e|
      id = e['id']
      unless e['id']
        id = SecureRandom.uuid
      end
      tool = Tool.find e['tid']
      {id: e['id'], tool: tool}
    end

    render 'boxes', layout: nil
  end


  def new
    @tool = Tool.new
    @tool.init
```

```
    @groups = ToolGroup.all
  end


  def edit
    @tool = Tool.find params['id']
    if current_user.id ! = @tool.owner_id
      redirect_to status: 401
    else
      @groups = ToolGroup.all
      render 'new'
    end

  end


  def create
    tool = Tool.new params.require(:tool).permit!
    tool.id = SecureRandom.uuid
    tool.dirname = tool.id
    tool.owner = current_user
    tool.inactive!
    tool.save
    redirect_to action: 'edit', id: tool.id
  end


  def update
    tool = Tool.find params['id']
    tool.update params.require(:tool).permit!
    redirect_to action: 'edit', id: tool.id
  end


  def show
    @tool = Tool.find params['id']
```

```
  end


  def help
    @tool = Tool.find params['id']
    render layout: nil
  end

end
class ScholarController < ApplicationController

  def index
    @user = current_user
  end


  def user
    @user = User.find params['id']
    render 'index'
  end


  def pubmed_search
  end


  def do_pubmed_search
    begin
      page = params['page'].to_i
      unless page > 0
        page = 1
      end

      params['page'] = page

      @result = Qomo::Pubmed.search params['query'], page
    rescue
```

```
    end

    render 'pubmed_search'
  end


  def publications_add
    pub = Publication.find_by_pmid params['pmid']

    unless pub
      pub = (Qomo::Pubmed.find_by_pmids [params['pmid']])[0]
      pub.save
    end


    pub.users << current_user


    pub.save

    render json: {}
  end


  def publications_del
    pub = Publication.find_by_pmid params['pmid']
    pub.users.delete current_user
    render json: {}
  end

end
class PipelinesController < ApplicationController

  layout 'pipelines'

  def index
    @pipelines = Pipeline.pub
```

```
end


def my
  @pipelines = Pipeline.belongs_to_user current_user
end


def show
  @pipeline = Pipeline.find params['id']
  respond_to do |format|
    format.html
    format.json { render json: @pipeline }
  end
end


def new
  @pipeline = Pipeline.new
  render 'edit', layout: nil
end


def edit
  @pipeline = Pipeline.find params['id']
  render 'edit', layout: nil
end


def create
  pipeline = Pipeline.new params.require('pipeline').permit!
  pipeline.owner = current_user
  pipeline.save

  render text: true
```

```
  end


  def update
    pipeline = Pipeline.find params['id']
pipeline.update(params.require('pipeline').permit!)

    if pipeline.public
      polish_params pipeline
      pipeline.save
    end


    respond_to do |format|
      format.html {redirect_to pipeline_path(pipeline)}
      format.json { render json: {success: true} }
    end

  end


  def destroy
    Pipeline.delete params['id']
    redirect_to action: 'my'
  end


  def mark_public
    pipeline = Pipeline.find params['id']
    pipeline.public = (params['mark'] == 'true')
    polish_params pipeline
    pipeline.save
    render json: {success: true}
  end


 protected
```

```
  def polish_params(pipeline)
    jb = JSON.parse(pipeline.boxes)
    jb.each do |k, v|
      tool = Tool.find v['tid']
      tool.inputs.each do |tp|
        v['values'].each do |pk, pv|
          if tp['name'] == pk and (not pv.blank?) and (not pv.start_with? '@')
            jb[k]['values'][pk] = "@#{current_user.username}:#{pv}"
          end
        end
      end
    end
    pipeline.boxes = JSON.dump jb
    pipeline.save
  end

end
class Admin::ToolsController < Admin::ApplicationController

  def index
    @tools = Tool.all
  end


  def new
    @tool = Tool.new
    @tool.init
    @groups = ToolGroup.all
  end


  def create
    tool = Tool.new params.require(:tool).permit!
    tool.dirname = tool.id
    tool.owner = current_user
    tool.active!
```

```
    tool.save

    if File.exist? tool.dirpath_tmp
      FileUtils.mv tool.dirpath_tmp, tool.dirpath
    end

    redirect_to action: 'edit', id: tool.id
  end


  def edit
    @tool = Tool.find params['id']
    @groups = ToolGroup.all
    render 'new'
  end


  def update
    tool = Tool.find params['id']
    tool.update params.require(:tool).permit!
    redirect_to action: 'edit', id: tool.id
  end


  def destroy
    Tool.delete params['id']
    redirect_to action: 'index'
  end


  def delete
    Tool.delete params['ids']
    redirect_to action: 'index'
  end


  def uploadfile
```

```
      tool = Tool.find_by_id params['id']
      unless tool
        tool = Tool.new
        tool.init params['id']
        FileUtils.mkdir_p tool.binpath
      end
      FileUtils.cp params['file'].tempfile, File.join(tool.binpath, params
['filename'])

      render json: {success: true}
    end


    def deletefile
      tool = Tool.find_by_id params['id']
      unless tool
        tool = Tool.new
        tool.init params['id']
      end
      FileUtils.rm File.join(tool.binpath, params['filename'])
      render json: {success: true}
    end

  end
  doctype 5
  html
    head
      = title_tag
      = stylesheet_link_tag 'admin/admin'
      = javascript_include_tag 'admin/admin', 'data-turbolinks-track' => true
      = csrf_meta_tags

    body id = "#{controller_name}-#{action_name}"
      aside#sidebar
        .header
          h3 Qomo Admin

        ul.group
```

```
      li Tools
      li
        a class =active_class('admin/tools - index') href =admin_tools_path
          |All
        a class = active_class('admin/tool_groups') href = admin_tool_groups_path
          |Groups
        a href = '#' Audit

    ul.group
      li Pipelines
      li
        a href =admin_tools_path All

    ul.group
      li Datastore
      li
        a href =admin_tools_path Libraries

    ul.group
      li Users
      li
        a href =admin_users_path Users

    ul.group
      li System
      li
        a href = '#' Broadcast
        a href = '#' Telemetry
        a href =admin_tools_path Jobs
        a href = '#' Trash
        a href = '#' Backup


  #main
    .ui.menu
      .item
```

```
          .ui.breadcrumb
            .section Admin
            .divider
              |/
            .section = controller_name.humanize
            .divider
              | /
            .section = action_name.humanize

        =yield :toolbar

        .menu.right
          .item
            i.fa.fa-user.icon
            = current_user.username
          a.item href = root_path title = 'Homepage' data-no-turbolink = true
data-position = 'bottom left'
            i.fa.fa-long-arrow-left



      .content.container-fliud
        =yield
  .tool-groups.qpanel.ui-layout-west
    .header
      .title Tools

    .content
      - for group in @groups
        ul
          li
            h5
              i.fa.fa-folder-open
              =group.title
            ul
              - for tool in group.tools
                li
```

```
                    a.tool - link data - tid = tool.id href = box_tool_path(tool) =
tool.title
                    - unless tool.usage.blank?
                      a.tool - help data - tid = tool.id data - title = tool.title
href = help_tool_path(tool) ?


   .center.qpanel.ui - layout - center
     .header
       .title
         | Pipeline
       a.pipeline - title href = '#'
       .ui.buttons.teal
         a.ui.button.tiny.save href = new_pipeline_path
           i.fa.fa - save >
           'Save
         a.ui.button.tiny.run href = workspace_run_path
           i.fa.fa - play >
           'Run
         a.ui.button.tiny.clean
           i.fa.fa - square - o >
           'Clean
     #canvas


   .east.qpanel.ui - layout - east.job - summary
     .header
       .title Job Manager
       a.refresh href = '#'
         i.fa.fa - refresh
     .content.jobs data - url = summary_jobs_path

   - if @action
     javascript:
       _action = "#{@action}"
       _pid = "#{@pid}"
```

```
script#tpl-filetree type='template/html'
  .ui.fluid.icon.input
    input.path value=''

  .tree

window.plumb={}

hightest_zIndex=50
toolbox_offset=0


get_pid=->
  localStorage.getItem('pid')

set_pid=(value)->
  if value==null
    localStorage.removeItem 'pid'
  else
    localStorage.pid=value


init_cache=(forse=false)->
  if forse or not localStorage.boxes
    localStorage.boxes=JSON.stringify {}
  if forse or not localStorage.connections
    localStorage.connections=JSON.stringify []


cached_boxes=->
  JSON.parse localStorage.boxes


cached_connections=->
  JSON.parse localStorage.connections


load=(pid)->
```

```
  set_pid(pid)
  $.get "/pipelines/#{pid}.json", (data) ->
    localStorage.boxes = data.boxes
    localStorage.connections = data.connections
    restore_workspace()


merge = (pid) ->
  $.get "/pipelines/#{pid}.json", (data) ->
    boxes = cached_boxes()

    new_boxes = JSON.parse(data.boxes)
    new_connections = JSON.parse(data.connections)

    for i of new_boxes
      new_box = new_boxes[i]
      new_id = App.guid()
      new_box.id = new_id
      boxes[new_id] = new_box
      for new_connection in new_connections
        new_connection.sourceId = new_id if new_connection.sourceId == i
        new_connection.targetId = new_id if new_connection.targetId == i

    save_cached_boxes(boxes)

    connections = cached_connections().concat new_connections
save_cached_connections(connections)

    restore_workspace()


clean_workspace = ->
  init_cache(true)
  set_pid(null)
  $('#canvas.toolbox').remove()
  plumb.deleteEveryEndpoint()
```

```
  restore_workspace = ->
    boxes = cached_boxes()

    add_toolboxes boxes, ->
      connections = cached_connections()
      for connection in connections
        add_connection connection



  add_connection = (connection) ->
    sourceEp = eps[connection.sourceId][connection.sourceParamName]
    targetEp = eps[connection.targetId][connection.targetParamName]
    plumb.connect
      drawEndpoints: false
      source: sourceEp
      target: targetEp

    $("\##{connection.targetId}").find("input[name = #{connection.targetParamName}]").
val('').prop 'disabled', true


  save_cached_boxes = (boxes) ->
    localStorage.boxes = JSON.stringify boxes


  save_cached_connections = (connections) ->
    localStorage.connections = JSON.stringify connections


  cache_box = (bid, tid) ->
    box = {}
    box.id = bid
    box.tid = tid
    box.values = {}
    boxes = cached_boxes()
    boxes[bid] = box
```

```
  save_cached_boxes boxes


update_zIndex = ( $box, zIndex) ->
  hightest_zIndex + =2
  $box.css 'z - index', hightest_zIndex
  for ep in plumb.getEndpoints $box.attr('id')
    $(ep.canvas).css 'z - index', hightest_zIndex + 1


update_position = (bid, position) ->
  boxes = cached_boxes()
  boxes[bid].position = position
  save_cached_boxes boxes


cache_connection = (sourceId, sourceParamName, targetId, targetParamName) ->
  connections = cached_connections()
  connections.push
    sourceId: sourceId
    sourceParamName: sourceParamName
    targetId: targetId
    targetParamName: targetParamName

  save_cached_connections connections


delete_connection = (sourceId, sourceParamName, targetId, targetParamName) ->
  connections = cached_connections()
  for connection, i in connections
    if connection.sourceId == sourceId and
       connection.sourceParamName == sourceParamName and
       connection.targetId == targetId and
       connection.targetParamName == targetParamName

       connections.splice i, 1
```

```
  save_cached_connections(connections)

  $("\##{connection.targetId}").find("input[name=#{connection.targetParamName}]").
val('').removeAttr 'disabled'
      break


  window.eps = {}

  add_toolboxes = (boxes, hook) ->
    return if localStorage.boxes == '{}'

    url = '/tools/boxes?'
    for i of boxes
      box = boxes[i]
      url += "box[][id]=#{box.id}"
      url += "&box[][tid]=#{box.tid}&"

    boxes = cached_boxes()
    $.get url, (boxes_html) ->
      $(boxes_html).each ->
        box = boxes[this.id]
        init_box this, box.id, box.position
      hook()


  add_toolbox = (bid, tid, position) ->
    $.get "/tools/#{tid}/box/#{bid}", (box) ->
      init_box box, bid, position


  init_box = (box_html, bid, position) ->
    $box = $(box_html)

    if position
      $box.css
        top: position.top
```

```
        left: position.left
    else
      $box.offset
        top: toolbox_offset
        left: toolbox_offset
      toolbox_offset += 30
      if toolbox_offset > 400
        toolbox_offset = 5
      update_position bid, $box.position()

    $('#canvas').append $box

    $box.find('select').chosen()

    plumb.draggable $box,
      stop: ->
        update_position bid, $box.position()

    divHeight = $box.outerHeight()
    tdHeight = $box.find('td').outerHeight()
    titleHeight = $box.find('.titlebar').outerHeight()

    teps = {}

    for param, i in $box.find('.params .param')
      $param = $(param)

      $param.find('.value').each ->
        boxes = cached_boxes()
        paramName = $param.data('paramname')

        # When this is a new added tool, we should populate its default values
first
        unless position
          boxes[bid].values[paramName] = if $(this).is(':checkbox') then
this.checked else $(this).val()
          save_cached_boxes(boxes)
```

```
        value = boxes[bid].values[paramName]
        if $(this).is(':checkbox')
          this.checked = value
        else if $(this).is('select')
          App.setSelectValues this, value
          $(this).trigger 'chosen:updated'
        else
          $(this).val value

        # Open a file select dialog when click input component
        if $(this).hasClass('input')
          _this = $(this)
          window.filetree = null
          $(this).click ->
            did = App.guid()
            dia = dialog
              id: did
              title: 'Select File'
              content: $('#tpl-filetree').html()
              width: 700
              okValue: 'OK'
              ok: ->
                value = $(document.getElementById("content:#{did}")).find
('.path').val()
                _this.val value
                _this.trigger 'change'
                return true
              cancelValue: 'Cancel'
              cancel: ->
  $(document.getElementById("content:#{did}")).find('.path').val _this.val()
            dia.showModal()

  $(document.getElementById("content:#{did}")).find('.tree').jstree(
              core:
                animation: 0
                themes:
```

```
                stripes: true
              data:
                url: (node) ->
  '/datastore/index.json'
                data: (node) ->
                  'dir' : node.id
            ).on 'changed.jstree', (je, e) ->
  $( document.getElementById ( " content: # { did }")) .find ( ' .path ' ) .val
e.selected.join(' ')


          $(this).change ->
            boxes = cached_boxes()
            value = $(this).val()

            if $(this).is(':checkbox')
              value = $(this).is(':checked')

            boxes[bid].values[paramName] = value

            save_cached_boxes(boxes)

        is_input = false
        if $param.hasClass 'input'
          is_input = true
        else if $param.hasClass 'output'
          is_input = false
        else
          continue

        y = (titleHeight + tdHeight * i  + 20) /divHeight

        color =  unless is_input then "#558822" else "#225588"

        ep = plumb.addEndpoint bid,
          endpoint: 'Rectangle'
          anchor: [1, y, 1, 0]
```

```
        paintStyle:
          fillStyle: color
          width: 15
          height: 15
        isSource: not is_input
        isTarget: is_input
        maxConnections: 50

      ep.paramName = $param.find('input').attr 'name'

  teps[ $param.find('input').attr('name')] = ep

    eps[bid] = teps

    update_zIndex $box
    $box.mousedown ->
      if ( $box.css 'z-index') < hightest_zIndex
        update_zIndex $box

    $box.find('.close-toolbox').click ->
      remove_toolbox( $box)

    plumb.repaint bid
    $box.bind 'DOMSubtreeModified', ->
      plumb.repaint bid


  remove_toolbox = ( $box) ->
    bid = $box.attr 'id'
    boxes = cached_boxes()
    delete boxes[bid]

    save_cached_boxes(boxes)

    connections = cached_connections()
    for connection, i in connections
      continue unless connection
```

```
    if bid in [connection.sourceId, connection.targetId]
      connections.splice i, 1
save_cached_connections(connections)

  for ep in plumb.getEndpoints bid
    plumb.deleteEndpoint ep

  $box.remove()


populate_pform = ($form) ->
  $form.find('#pipeline_boxes').val localStorage.boxes
 $form.find('#pipeline_connections').val localStorage.connections


within 'workspace', ->
  $('#main').layout
    'west__size':.15
    'east__size':.15
    'stateManagement__enabled': true
    'stateManagement__autoLoad': true
    'stateManagement__autoSave': true

  init_cache()

  $('.center .save').click ->
    if get_pid() != null
      $.get "/pipelines/#{get_pid()}/edit", (data) ->
        $form = $(data)
        populate_pform $form
        $form.ajaxSubmit()
    else
      $.get this.href, (data) ->
        dia = dialog
          title: 'Save pipeline'
          content: data
          width: 700
```

```
            okValue: 'Save'
            ok: ->
              $form = $('#form-pipeline')
              populate_pform $form
              $form.ajaxSubmit()
              return true
            cancelValue: 'Cancel'
            cancel: ->

          dia.showModal()

      return false


  $('.center .clean').click clean_workspace



  $('.tool-groups h5').click ->
    $this = $(this)
    $ul = $(this).next('ul')
    $i = $(this).find('i')
    if $ul.is(':visible')
$i.removeClass('fa-folder-open').addClass('fa-folder')
      $ul.slideUp 200, ->
        $this.css 'border-bottom-width', '0'
    else
$i.removeClass('fa-folder').addClass('fa-folder-open')
      $this.css 'border-bottom-width', '1px'
      $ul.slideDown 200



  updateJobStatus = ->
    $('.jobs').load $('.jobs').data('url')



  updateJobStatus()
```

```
setInterval updateJobStatus, 10000

$('.job-summary .refresh').click ->
  updateJobStatus()
  return false


jsPlumb.ready ->

  window.plumb = jsPlumb.getInstance
    DragOptions:
      cursor: 'pointer'
      zIndex: 2000
    ConnectionOverlays: [
      [
        "Arrow",
        location: 0.5,
        length: 20
      ]
    ]
    PaintStyle:
      strokeStyle: '#456'
      lineWidth: 6


  plumb.bind 'click', (c) ->
    delete_connection c.sourceId, c.endpoints[0].paramName, c.targetId,
c.endpoints[1].paramName

    plumb.detach c
    return true


  plumb.bind 'beforeDrop', (info) ->
    sourceParamName = info.connection.endpoints[0].paramName
    targetParamName = info.dropEndpoint.paramName
```

```
        cache_connection info.sourceId, sourceParamName, info.targetId, target
ParamName

    $("\##{info.targetId}").find("input[name = #{targetParamName}]").val('')
.prop 'disabled', true
        return true

      if typeof(_action) ! ='undefined'
        eval "#{_action}('#{_pid}')"
      else
        restore_workspace()

      $('.tool-groups a.tool-link').click ->
        $.get this.href, (box) ->
          cache_box $(box).attr('id'), $(box).data 'tid'
          add_toolbox $(box).attr('id'), $(box).data 'tid'

        return false

      $('.tool-groups a.tool-help').click ->
        dia=dialog
          title: "Help: #{ $(this).data 'title'}"
          width: 500
        dia.show()
        $.get this.href, (data) ->
          dia.content data
        return false

      $('a.run').click ->
        $.post this.href,
            boxes: localStorage.boxes
            connections: localStorage.connections
```

```
        , (data) ->
          if data.success
            alert("Pipeline submitted.")
            updateJobStatus()
          else
            alert("Pipeline has an error: #{data.content}")
      false
@import bourbon

._jsPlumb_drag_select *
  @include user-select(none)

$toolbox-padding: 3px 15px



#canvas
  width: 100%
  height: 100%
  position: absolute
  background: url(data:image/gif;base64,R0lGODlhFAAUAIAAAMDAwP///yH5BAEAAA
EALAAAAAAUABQAAAImhI+pwe3vAJxQ0hssnnq/7jVgmJGfGaGiyoyh68GbjNGXTeEcGxQAOw==)

  .toolbox
    position: absolute
    color: #222
    cursor: pointer
    min-width: 200px
    background-color: #eeeeef
    border: 1px solid #346789
    @include border-top-radius(5px)
    @include border-bottom-radius(5px)
    @include border-left-radius(5px)
    @include border-right-radius(5px)
    .titlebar
      padding: $toolbox-padding
      border-bottom: 1px solid #223133
```

```
        background: #00B5AD
        font-size: 1.1em
        .title
          float: left
          font-weight: bold
        .close-toolbox
          float: right
          font-size: 1em
          margin-top: 2px
          color: #555555
          &:hover
            color: #222222
      table.params
        font-size: 0.9em
        margin: 5px 20px 5px 10px
        tr.param
          line-height: 28px
          label
            margin-right: 12px
          input[type=text]
            @include box-sizing(border-box)
            padding-left: 8px
            width: 100%
            height: 25px
          input[type=checkbox]
            vertical-align: middle
          .chosen-single
            border-radius: 0

.center
  .pipeline-title
    display: inline-block
    margin-left: 20px
    color: #555555
  .buttons
```

```
    float: right

.tool-groups
  .tool-link
    text-decoration: none
  .tool-help
    font-size: 0.8em
    margin-left: 0.4em
    text-decoration: none

  .content
    & > ul
      list-style: none
      padding-left: 0
      margin-top: 0
      margin-bottom: 0
      & > li
        &:first-of-type
          margin-top: 0
        &:last-of-type
          h5
            border-top: 1px solid #CCC
            border-bottom-width: 1px ! important
        & > ul
          list-style: disc
          & > li
            margin: 5px 0
            font-size: 0.9em

    h5
      cursor: pointer
      padding: 3px 10px
      margin: 0 0 0 0
      background-color: #f1f1f1
      border-top: 1px solid #CCCCCC
      border-bottom: 1px solid #CCCCCC
```

```
      font - size: 0.9em
      @include user - select(none)

      i
        width: 12px
        margin - right: 12px

    li.panel
      border - radius: 0
      margin - bottom: 0
      border - top: none


.job - summary
  .refresh
    padding - left: 5px
    font - size: 0.8em
  table.job
    margin - bottom: 10px
    .status
      &.SUCCESS
        color: green
      &.FAILED
        color: darkred

.help - content
  font - size: 0.9rem
  h1
    font - size: 1.2rem
    margin - top: 0
    margin - bottom: 4px
  p
   margin: 5px 0

.tree
  margin - top: 1em
```

```
.jstree-node,
.jstree-children,
.jstree-container-ul {
    display: block;
    margin: 0;
    padding: 0;
    list-style-type: none;
    list-style-image: none;
}
.jstree-node {
    white-space: nowrap;
}
.jstree-anchor {
    display: inline-block;
    color: black;
    white-space: nowrap;
    padding: 0 4px 0 1px;
    margin: 0;
    vertical-align: top;
}
.jstree-anchor:focus {
    outline: 0;
}
.jstree-anchor,
.jstree-anchor:link,
.jstree-anchor:visited,
.jstree-anchor:hover,
.jstree-anchor:active {
    text-decoration: none;
    color: inherit;
}
.jstree-icon {
    display: inline-block;
    text-decoration: none;
    margin: 0;
    padding: 0;
```

```
    vertical - align: top;
    text - align: center;
}
.jstree - icon:empty {
    display: inline - block;
    text - decoration: none;
    margin: 0;
    padding: 0;
    vertical - align: top;
    text - align: center;
}
.jstree - ocl {
    cursor: pointer;
}
.jstree - leaf > .jstree - ocl {
    cursor: default;
}
.jstree .jstree - open > .jstree - children {
    display: block;
}
.jstree .jstree - closed > .jstree - children,
.jstree .jstree - leaf > .jstree - children {
    display: none;
}
.jstree - anchor > .jstree - themeicon {
    margin - right: 2px;
}
.jstree - no - icons .jstree - themeicon,
.jstree - anchor > .jstree - themeicon - hidden {
    display: none;
}
.jstree - rtl .jstree - anchor {
    padding: 0 1px 0 4px;
}
.jstree - rtl .jstree - anchor > .jstree - themeicon {
    margin - left: 2px;
    margin - right: 0;
```

```
}
.jstree-rtl .jstree-node {
    margin-left: 0;
}
.jstree-rtl .jstree-container-ul > .jstree-node {
    margin-right: 0;
}
.jstree-wholerow-ul {
    position: relative;
    display: inline-block;
    min-width: 100%;
}
.jstree-wholerow-ul .jstree-leaf > .jstree-ocl {
    cursor: pointer;
}
.jstree-wholerow-ul .jstree-anchor,
.jstree-wholerow-ul .jstree-icon {
    position: relative;
}
.jstree-wholerow-ul .jstree-wholerow {
    width: 100%;
    cursor: pointer;
    position: absolute;
    left: 0;
    -webkit-user-select: none;
    -moz-user-select: none;
    -ms-user-select: none;
    user-select: none;
}
.vakata-context {
    display: none;
}
.vakata-context,
.vakata-context ul {
    margin: 0;
    padding: 2px;
```

```
    position: absolute;
    background: #f5f5f5;
    border: 1px solid #979797;
    -moz-box-shadow: 5px 5px 4px -4px #666666;
    -webkit-box-shadow: 2px 2px 2px #999999;
    box-shadow: 2px 2px 2px #999999;
}
.vakata-context ul {
    list-style: none;
    left: 100%;
    margin-top: -2.7em;
    margin-left: -4px;
}
.vakata-context .vakata-context-right ul {
    left: auto;
    right: 100%;
    margin-left: auto;
    margin-right: -4px;
}
.vakata-context li {
    list-style: none;
    display: inline;
}
.vakata-context li > a {
    display: block;
    padding: 0 2em 0 2em;
    text-decoration: none;
    width: auto;
    color: black;
    white-space: nowrap;
    line-height: 2.4em;
    -moz-text-shadow: 1px 1px 0 white;
    -webkit-text-shadow: 1px 1px 0 white;
    text-shadow: 1px 1px 0 white;
    -moz-border-radius: 1px;
```

```
        -webkit-border-radius: 1px;
        border-radius: 1px;
    }
    .vakata-context li > a:hover {
        position: relative;
        background-color: #e8eff7;
        -moz-box-shadow: 0 0 2px #0a6aa1;
        -webkit-box-shadow: 0 0 2px #0a6aa1;
        box-shadow: 0 0 2px #0a6aa1;
    }
    .vakata-context li > a.vakata-context-parent {
        background-image: url("data:image/gif;base64,R0lGODlhCwAHAIAAACgoKP///
yH5BAEAAAEALAAAAAALAAcAAAIORI4JlrqN1oMSnmmZDQUAOw==");
        background-position: right center;
        background-repeat: no-repeat;
    }
    .vakata-context li > a:focus {
        outline: 0;
    }
    .vakata-context .vakata-context-hover > a {
        position: relative;
        background-color: #e8eff7;
        -moz-box-shadow: 0 0 2px #0a6aa1;
        -webkit-box-shadow: 0 0 2px #0a6aa1;
        box-shadow: 0 0 2px #0a6aa1;
    }
    .vakata-context .vakata-context-separator > a,
    .vakata-context .vakata-context-separator > a:hover {
        background: white;
        border: 0;
        border-top: 1px solid #e2e3e3;
        height: 1px;
        min-height: 1px;
        max-height: 1px;
        padding: 0;
        margin: 0 0 0 2.4em;
```

```
    border-left: 1px solid #e0e0e0;
    -moz-text-shadow: 0 0 0 transparent;
    -webkit-text-shadow: 0 0 0 transparent;
    text-shadow: 0 0 0 transparent;
    -moz-box-shadow: 0 0 0 transparent;
    -webkit-box-shadow: 0 0 0 transparent;
    box-shadow: 0 0 0 transparent;
    -moz-border-radius: 0;
    -webkit-border-radius: 0;
    border-radius: 0;
}
.vakata-context .vakata-contextmenu-disabled a,
.vakata-context .vakata-contextmenu-disabled a:hover {
    color: silver;
    background-color: transparent;
    border: 0;
    box-shadow: 0 0 0;
}
.vakata-context li > a > i {
    text-decoration: none;
    display: inline-block;
    width: 2.4em;
    height: 2.4em;
    background: transparent;
    margin: 0 0 0  -2em;
    vertical-align: top;
    text-align: center;
    line-height: 2.4em;
}
.vakata-context li > a > i:empty {
    width: 2.4em;
    line-height: 2.4em;
}
.vakata-context li > a .vakata-contextmenu-sep {
    display: inline-block;
    width: 1px;
```

```
        height: 2.4em;
        background: white;
        margin: 0 0.5em 0 0;
        border - left: 1px solid #e2e3e3;
    }
    .vakata - context .vakata - contextmenu - shortcut {
        font - size: 0.8em;
        color: silver;
        opacity: 0.5;
        display: none;
    }
    .vakata - context - rtl ul {
        left: auto;
        right: 100% ;
        margin - left: auto;
        margin - right: -4px;
    }
    .vakata - context - rtl li > a.vakata - context - parent {
        background - image: url("data:image/gif;base64,R0lGODlhCwAHAIAAACgoKP///
yH5BAEAAAEALAAAAAALAAcAAAINjI+AC7rWHIsPtmoxLAA7");
        background - position: left center;
        background - repeat: no - repeat;
    }
    .vakata - context - rtl .vakata - context - separator > a {
        margin: 0 2.4em 0 0;
        border - left: 0;
        border - right: 1px solid #e2e3e3;
    }
    .vakata - context - rtl .vakata - context - left ul {
        right: auto;
        left: 100% ;
        margin - left: -4px;
        margin - right: auto;
    }
    .vakata - context - rtl li > a > i {
        margin: 0 -2em 0 0;
```

```
}
.vakata-context-rtl li > a .vakata-contextmenu-sep {
    margin: 0 0 0 0.5em;
    border-left-color: white;
    background: #e2e3e3;
}
#jstree-marker {
    position: absolute;
    top: 0;
    left: 0;
    margin: -5px 0 0 0;
    padding: 0;
    border-right: 0;
    border-top: 5px solid transparent;
    border-bottom: 5px solid transparent;
    border-left: 5px solid;
    width: 0;
    height: 0;
    font-size: 0;
    line-height: 0;
}
#jstree-dnd {
    line-height: 16px;
    margin: 0;
    padding: 4px;
}
#jstree-dnd.jstree-icon,
#jstree-dnd.jstree-copy {
    display: inline-block;
    text-decoration: none;
    margin: 0 2px 0 0;
    padding: 0;
    width: 16px;
    height: 16px;
}
#jstree-dnd.jstree-ok {
```

```
        background: green;
    }
    #jstree - dnd.jstree - er {
        background: red;
    }
    #jstree - dnd.jstree - copy {
        margin: 0 2px 0 2px;
    }
    .jstree - default .jstree - node,
    .jstree - default .jstree - icon {
        background - repeat: no - repeat;
        background - color: transparent;
    }
    .jstree - default .jstree - anchor,
    .jstree - default .jstree - wholerow {
        transition: background - color 0.15s, box - shadow 0.15s;
    }
    .jstree - default .jstree - hovered {
        background: #e7f4f9;
        border - radius: 2px;
        box - shadow: inset 0 0 1px #cccccc;
    }
    .jstree - default .jstree - clicked {
        background: #beebff;
        border - radius: 2px;
        box - shadow: inset 0 0 1px #999999;
    }
    .jstree - default .jstree - no - icons .jstree - anchor > .jstree - themeicon {
        display: none;
    }
    .jstree - default .jstree - disabled {
        background: transparent;
        color: #666666;
    }
    .jstree - default .jstree - disabled.jstree - hovered {
        background: transparent;
```

```
        box-shadow: none;
    }
    .jstree-default .jstree-disabled.jstree-clicked {
        background: #efefef;
    }
    .jstree-default .jstree-disabled > .jstree-icon {
        opacity: 0.8;
        filter: url("data:image/svg+xml;utf8,<svg xmlns=\'http://www.w3.org/
2000/svg\'><filter id=\'jstree-grayscale\'><feColorMatrix type=\'matrix\'
values=\'0.3333 0.3333 0.3333 0 0 0.3333 0.3333 0.3333 0 0 0.3333 0.3333 0.3333 0 0
0 0 1 0\'/></filter></svg>#jstree-grayscale");
        /* Firefox 10+ */
        filter: gray;
        /* IE6-9 */
        -webkit-filter: grayscale(100%);
        /* Chrome 19+ & Safari 6+ */
    }
    .jstree-default .jstree-search {
        font-style: italic;
        color: #8b0000;
        font-weight: bold;
    }
    .jstree-default .jstree-no-checkboxes .jstree-checkbox {
        display: none !important;
    }
    .jstree-default.jstree-checkbox-no-clicked .jstree-clicked {
        background: transparent;
        box-shadow: none;
    }
    .jstree-default.jstree-checkbox-no-clicked .jstree-clicked.jstree-
hovered {
        background: #e7f4f9;
    }
    .jstree-default.jstree-checkbox-no-clicked > .jstree-wholerow-ul
.jstree-wholerow-clicked {
        background: transparent;
```

```
    }
    .jstree - default.jstree - checkbox - no - clicked > .jstree - wholerow - ul
.jstree - wholerow - clicked.jstree - wholerow - hovered {
        background: #e7f4f9;
    }
    .jstree - default > .jstree - striped {
        background: url("data:image/png;base64,iVBORw0KGgoAAAANSUhEUgAAAAEAAAAkCAMAAAB/
qqA + AAAABlBMVEUAAAAAAAClZ7nPAAAAAnRSTlMNAMM9s3UAAAAXSURBVHjajcEBAQAAAIKg/H/
aCQZ70AUBjAATb6YPDgAAAABJRU5ErkJggg==") left top repeat;
    }
    .jstree - default > .jstree - wholerow - ul .jstree - hovered,
    .jstree - default > .jstree - wholerow - ul .jstree - clicked {
        background: transparent;
        box - shadow: none;
        border - radius: 0;
    }
    .jstree - default .jstree - wholerow {
        - moz - box - sizing: border - box;
        - webkit - box - sizing: border - box;
        box - sizing: border - box;
    }
    .jstree - default .jstree - wholerow - hovered {
        background: #e7f4f9;
    }
    .jstree - default .jstree - wholerow - clicked {
        background: #beebff;
        background: - moz - linear - gradient(top, #beebff 0% , #a8e4ff 100% );
        background: - webkit - gradient(linear, left top, left bottom, color - stop
(0% , #beebff), color - stop(100% , #a8e4ff));
        background: - webkit - linear - gradient(top, #beebff 0% , #a8e4ff 100% );
        background: - o - linear - gradient(top, #beebff 0% , #a8e4ff 100% );
        background: - ms - linear - gradient(top, #beebff 0% , #a8e4ff 100% );
        background: linear - gradient(to bottom, #beebff 0% , #a8e4ff 100% );
        /* filter: progid:DXImageTransform.Microsoft.gradient( startColorstr =
'@color1', endColorstr = '@color2',GradientType = 0 ); */
```

```
}
.jstree-default .jstree-node {
    min-height: 24px;
    line-height: 24px;
    margin-left: 24px;
    min-width: 24px;
}
.jstree-default .jstree-anchor {
    line-height: 24px;
    height: 24px;
}
.jstree-default .jstree-icon {
    width: 24px;
    height: 24px;
    line-height: 24px;
}
.jstree-default .jstree-icon:empty {
    width: 24px;
    height: 24px;
    line-height: 24px;
}
.jstree-default.jstree-rtl .jstree-node {
    margin-right: 24px;
}
.jstree-default .jstree-wholerow {
    height: 24px;
}
.jstree-default .jstree-node,
.jstree-default .jstree-icon {
    background-image: url("32px.png");
}
.jstree-default .jstree-node {
    background-position: -292px -4px;
    background-repeat: repeat-y;
}
.jstree-default .jstree-last {
```

```
    background: transparent;
}
.jstree-default .jstree-open > .jstree-ocl {
    background-position: -132px -4px;
}
.jstree-default .jstree-closed > .jstree-ocl {
    background-position: -100px -4px;
}
.jstree-default .jstree-leaf > .jstree-ocl {
    background-position: -68px -4px;
}
.jstree-default .jstree-themeicon {
    background-position: -260px -4px;
}
.jstree-default > .jstree-no-dots .jstree-node,
.jstree-default > .jstree-no-dots .jstree-leaf > .jstree-ocl {
    background: transparent;
}
.jstree-default > .jstree-no-dots .jstree-open > .jstree-ocl {
    background-position: -36px -4px;
}
.jstree-default > .jstree-no-dots .jstree-closed > .jstree-ocl {
    background-position: -4px -4px;
}
.jstree-default .jstree-disabled {
    background: transparent;
}
.jstree-default .jstree-disabled.jstree-hovered {
    background: transparent;
}
.jstree-default .jstree-disabled.jstree-clicked {
    background: #efefef;
}
.jstree-default .jstree-checkbox {
    background-position: -164px -4px;
```

```
    }
    .jstree-default .jstree-checkbox:hover {
        background-position: -164px -36px;
    }
    .jstree-default.jstree-checkbox-selection .jstree-clicked > .jstree-
checkbox,
    .jstree-default .jstree-checked > .jstree-checkbox {
        background-position: -228px -4px;
    }
    .jstree-default.jstree-checkbox-selection .jstree-clicked > .jstree-
checkbox:hover,
    .jstree-default .jstree-checked > .jstree-checkbox:hover {
        background-position: -228px -36px;
    }
    .jstree-default .jstree-anchor > .jstree-undetermined {
        background-position: -196px -4px;
    }
    .jstree-default .jstree-anchor > .jstree-undetermined:hover {
        background-position: -196px -36px;
    }
    .jstree-default > .jstree-striped {
        background-size: auto 48px;
    }
    .jstree-default.jstree-rtl .jstree-node {
        background-image: url("data:image/png;base64,iVBORw0KGgoAAAANSUhEUgAAA
BgAAAACAQMAAAB49I5GAAAABlBMVEUAAAAdHRvEkCwcAAAAAXRSTlMAQObYZgAAAAxJREFUCNdjAA
MOBgAAGAAJMwQHdQAAAABJRU5ErkJggg==");
        background-position: 100% 1px;
        background-repeat: repeat-y;
    }
    .jstree-default.jstree-rtl .jstree-last {
        background: transparent;
    }
    .jstree-default.jstree-rtl .jstree-open > .jstree-ocl {
        background-position: -132px -36px;
```

```
}
.jstree-default.jstree-rtl .jstree-closed > .jstree-ocl {
    background-position: -100px -36px;
}
.jstree-default.jstree-rtl .jstree-leaf > .jstree-ocl {
    background-position: -68px -36px;
}
.jstree-default.jstree-rtl > .jstree-no-dots .jstree-node,
.jstree-default.jstree-rtl > .jstree-no-dots .jstree-leaf > .jstree-ocl {
    background: transparent;
}
.jstree-default.jstree-rtl > .jstree-no-dots .jstree-open > .jstree-ocl {
    background-position: -36px -36px;
}
.jstree-default.jstree-rtl > .jstree-no-dots .jstree-closed > .jstree-
ocl {
    background-position: -4px -36px;
}
.jstree-default .jstree-themeicon-custom {
    background-color: transparent;
    background-image: none;
    background-position: 0 0;
}
.jstree-default > .jstree-container-ul .jstree-loading > .jstree-ocl {
    background: url("throbber.gif") center center no-repeat;
}
.jstree-default .jstree-file {
    background: url("32px.png") -100px -68px no-repeat;
}
.jstree-default .jstree-folder {
    background: url("32px.png") -260px -4px no-repeat;
}
.jstree-default > .jstree-container-ul > .jstree-node {
    margin-left: 0;
    margin-right: 0;
```

```
}
#jstree-dnd.jstree-default {
    line-height: 24px;
    padding: 0 4px;
}
#jstree-dnd.jstree-default .jstree-ok,
#jstree-dnd.jstree-default .jstree-er {
    background-image: url("32px.png");
    background-repeat: no-repeat;
    background-color: transparent;
}
#jstree-dnd.jstree-default i {
    background: transparent;
    width: 24px;
    height: 24px;
    line-height: 24px;
}
#jstree-dnd.jstree-default .jstree-ok {
    background-position: -4px -68px;
}
#jstree-dnd.jstree-default .jstree-er {
    background-position: -36px -68px;
}
.jstree-default.jstree-rtl .jstree-node {
    background-image: url("data:image/png;base64,iVBORw0KGgoAAAANSUhEUgAAA
BgAAAACAQMAAAB49I5GAAAABlBMVEUAAAAdHRvEkCwcAAAAAXRSTlMAQObYZgAAAAxJREFUCNdjAA
MOBgAAGAAJMwQHdQAAAABJRU5ErkJggg==");
}
.jstree-default.jstree-rtl .jstree-last {
    background: transparent;
}
.jstree-default-small .jstree-node {
    min-height: 18px;
    line-height: 18px;
    margin-left: 18px;
    min-width: 18px;
```

```
}
.jstree - default - small .jstree - anchor {
    line - height: 18px;
    height: 18px;
}
.jstree - default - small .jstree - icon {
    width: 18px;
    height: 18px;
    line - height: 18px;
}
.jstree - default - small .jstree - icon:empty {
    width: 18px;
    height: 18px;
    line - height: 18px;
}
.jstree - default - small.jstree - rtl .jstree - node {
    margin - right: 18px;
}
.jstree - default - small .jstree - wholerow {
    height: 18px;
}
.jstree - default - small .jstree - node,.jstree - default - small .jstree - icon {
    background - image: url("32px.png");
}
.jstree - default - small .jstree - node {
    background - position: -295px -7px;
    background - repeat: repeat - y;
}
.jstree - default - small .jstree - last {
    background: transparent;
}
.jstree - default - small .jstree - open > .jstree - ocl {
    background - position: -135px -7px;
}
.jstree - default - small .jstree - closed > .jstree - ocl {
    background - position: -103px -7px;
```

```
}
.jstree-default-small .jstree-leaf > .jstree-ocl {
    background-position: -71px -7px;
}
.jstree-default-small .jstree-themeicon {
    background-position: -263px -7px;
}
.jstree-default-small > .jstree-no-dots .jstree-node,
.jstree-default-small > .jstree-no-dots .jstree-leaf > .jstree-ocl {
    background: transparent;
}
.jstree-default-small > .jstree-no-dots .jstree-open > .jstree-ocl {
    background-position: -39px -7px;
}
.jstree-default-small > .jstree-no-dots .jstree-closed > .jstree-ocl {
    background-position: -7px -7px;
}
.jstree-default-small .jstree-disabled {
    background: transparent;
}
.jstree-default-small .jstree-disabled.jstree-hovered {
    background: transparent;
}
.jstree-default-small .jstree-disabled.jstree-clicked {
    background: #efefef;
}
.jstree-default-small .jstree-checkbox {
    background-position: -167px -7px;
}
.jstree-default-small .jstree-checkbox:hover {
    background-position: -167px -39px;
}
.jstree-default-small.jstree-checkbox-selection .jstree-clicked >
.jstree-checkbox,
.jstree-default-small .jstree-checked > .jstree-checkbox {
    background-position: -231px -7px;
```

```
    }
    .jstree - default - small.jstree - checkbox - selection .jstree - clicked >
.jstree - checkbox:hover,
    .jstree - default - small .jstree - checked > .jstree - checkbox:hover {
        background - position: -231px -39px;
    }
    .jstree - default - small .jstree - anchor > .jstree - undetermined {
        background - position: -199px -7px;
    }
    .jstree - default - small .jstree - anchor > .jstree - undetermined:hover {
        background - position: -199px -39px;
    }
    .jstree - default - small > .jstree - striped {
        background - size: auto 36px;
    }
    .jstree - default - small.jstree - rtl .jstree - node {
        background - image: url("data:image/png;base64,iVBORw0KGgoAAAANSUhEUgAAA
BgAAAACAQMAAAB49I5GAAAABlBMVEUAAAAdHRvEkCwcAAAAAXRSTlMAQObYZgAAAAxJREFUCNdjAA
MOBgAAGAAJMwQHdQAAAABJRU5ErkJggg==");
        background - position: 100% 1px;
        background - repeat: repeat - y;
    }
    .jstree - default - small.jstree - rtl .jstree - last {
        background: transparent;
    }
    .jstree - default - small.jstree - rtl .jstree - open > .jstree - ocl {
        background - position: -135px -39px;
    }
    .jstree - default - small.jstree - rtl .jstree - closed > .jstree - ocl {
        background - position: -103px -39px;
    }
    .jstree - default - small.jstree - rtl .jstree - leaf > .jstree - ocl {
        background - position: -71px -39px;
    }
    .jstree - default - small.jstree - rtl > .jstree - no - dots .jstree - node,
```

```
    .jstree - default - small.jstree - rtl > .jstree - no - dots .jstree - leaf >
.jstree - ocl {
        background: transparent;
    }
    .jstree - default - small.jstree - rtl > .jstree - no - dots .jstree - open >
.jstree - ocl {
        background - position: -39px -39px;
    }
    .jstree - default - small.jstree - rtl > .jstree - no - dots .jstree - closed >
.jstree - ocl {
        background - position: -7px -39px;
    }
    .jstree - default - small .jstree - themeicon - custom {
        background - color: transparent;
        background - image: none;
        background - position: 0 0;
    }
    .jstree - default - small > .jstree - container - ul .jstree - loading > .jstree -
ocl {
        background: url("throbber.gif") center center no - repeat;
    }
    .jstree - default - small .jstree - file {
        background: url("32px.png") -103px -71px no - repeat;
    }
    .jstree - default - small .jstree - folder {
        background: url("32px.png") -263px -7px no - repeat;
    }
    .jstree - default - small > .jstree - container - ul > .jstree - node {
        margin - left: 0;
        margin - right: 0;
    }
    #jstree - dnd.jstree - default - small {
        line - height: 18px;
        padding: 0 4px;
    }
    #jstree - dnd.jstree - default - small .jstree - ok,
```

```
#jstree - dnd.jstree - default - small .jstree - er {
    background - image: url("32px.png");
    background - repeat: no - repeat;
    background - color: transparent;
}
#jstree - dnd.jstree - default - small i {
    background: transparent;
    width: 18px;
    height: 18px;
    line - height: 18px;
}
#jstree - dnd.jstree - default - small .jstree - ok {
    background - position: -7px -71px;
}
#jstree - dnd.jstree - default - small .jstree - er {
    background - position: -39px -71px;
}
.jstree - default - small.jstree - rtl .jstree - node {
    background - image: url("data:image/png;base64,iVBORw0KGgoAAAANSUhEUgAAA
BIAAAACAQMAAABv1h6PAAAABlBMVEUAAAAdHRvEkCwcAAAAAXRSTlMAQObYZgAAAAxJREFUCNdjAA
MHBgAAiABBI4gz9AAAAABJRU5ErkJggg==");
}
.jstree - default - small.jstree - rtl .jstree - last {
    background: transparent;
}
.jstree - default - large .jstree - node {
    min - height: 32px;
    line - height: 32px;
    margin - left: 32px;
    min - width: 32px;
}
.jstree - default - large .jstree - anchor {
    line - height: 32px;
    height: 32px;
}
```

```
.jstree-default-large .jstree-icon {
    width: 32px;
    height: 32px;
    line-height: 32px;
}
.jstree-default-large .jstree-icon:empty {
    width: 32px;
    height: 32px;
    line-height: 32px;
}
.jstree-default-large.jstree-rtl .jstree-node {
    margin-right: 32px;
}
.jstree-default-large .jstree-wholerow {
    height: 32px;
}
.jstree-default-large .jstree-node,
.jstree-default-large .jstree-icon {
    background-image: url("32px.png");
}
.jstree-default-large .jstree-node {
    background-position: -288px 0px;
    background-repeat: repeat-y;
}
.jstree-default-large .jstree-last {
    background: transparent;
}
.jstree-default-large .jstree-open > .jstree-ocl {
    background-position: -128px 0px;
}
.jstree-default-large .jstree-closed > .jstree-ocl {
    background-position: -96px 0px;
}
.jstree-default-large .jstree-leaf > .jstree-ocl {
    background-position: -64px 0px;
```

```
}
.jstree - default - large .jstree - themeicon {
    background - position: -256px 0px;
}
.jstree - default - large > .jstree - no - dots .jstree - node,
.jstree - default - large > .jstree - no - dots .jstree - leaf > .jstree - ocl {
    background: transparent;
}
.jstree - default - large > .jstree - no - dots .jstree - open > .jstree - ocl {
    background - position: -32px 0px;
}
.jstree - default - large > .jstree - no - dots .jstree - closed > .jstree - ocl {
    background - position: 0px 0px;
}
.jstree - default - large .jstree - disabled {
    background: transparent;
}
.jstree - default - large .jstree - disabled.jstree - hovered {
    background: transparent;
}
.jstree - default - large .jstree - disabled.jstree - clicked {
    background: #efefef;
}
.jstree - default - large .jstree - checkbox {
    background - position: -160px 0px;
}
.jstree - default - large .jstree - checkbox:hover {
    background - position: -160px -32px;
}
.jstree - default - large.jstree - checkbox - selection .jstree - clicked >
.jstree - checkbox,
.jstree - default - large .jstree - checked > .jstree - checkbox {
    background - position: -224px 0px;
}
.jstree - default - large.jstree - checkbox - selection .jstree - clicked >
.jstree - checkbox:hover,
```

```
.jstree - default - large .jstree - checked > .jstree - checkbox:hover {
    background - position: -224px -32px;
}
.jstree - default - large .jstree - anchor > .jstree - undetermined {
    background - position: -192px 0px;
}
.jstree - default - large .jstree - anchor > .jstree - undetermined:hover {
    background - position: -192px -32px;
}
.jstree - default - large > .jstree - striped {
    background - size: auto 64px;
}
.jstree - default - large.jstree - rtl .jstree - node {
    background - image: url("data:image/png;base64,iVBORw0KGgoAAAANSUhEUgAAA
BgAAAACAQMAAAB49I5GAAAABlBMVEUAAAAdHRvEkCwcAAAAAXRSTlMAQObYZgAAAAxJREFUCNdjAA
MOBgAAGAAJMwQHdQAAAABJRU5ErkJggg==");
    background - position: 100% 1px;
    background - repeat: repeat - y;
}
.jstree - default - large.jstree - rtl .jstree - last {
    background: transparent;
}
.jstree - default - large.jstree - rtl .jstree - open > .jstree - ocl {
    background - position: -128px -32px;
}
.jstree - default - large.jstree - rtl .jstree - closed > .jstree - ocl {
    background - position: -96px -32px;
}
.jstree - default - large.jstree - rtl .jstree - leaf > .jstree - ocl {
    background - position: -64px -32px;
}
.jstree - default - large.jstree - rtl > .jstree - no - dots .jstree - node,
.jstree - default - large.jstree - rtl > .jstree - no - dots .jstree - leaf >
.jstree - ocl {
    background: transparent;
}
```

```
    .jstree - default - large.jstree - rtl  >  .jstree - no - dots .jstree - open  >
.jstree - ocl {
        background - position:  -32px  -32px;
    }
    .jstree - default - large.jstree - rtl  >  .jstree - no - dots .jstree - closed  >
.jstree - ocl {
        background - position: 0px  -32px;
    }
    .jstree - default - large .jstree - themeicon - custom {
        background - color: transparent;
        background - image: none;
        background - position: 0 0;
    }
    .jstree - default - large > .jstree - container - ul .jstree - loading > .jstree -
ocl {
        background: url("throbber.gif") center center no - repeat;
    }
    .jstree - default - large .jstree - file {
        background: url("32px.png")  -96px  -64px no - repeat;
    }
    .jstree - default - large .jstree - folder {
        background: url("32px.png")  -256px 0px no - repeat;
    }
    .jstree - default - large  >  .jstree - container - ul  >  .jstree - node {
        margin - left: 0;
        margin - right: 0;
    }
    #jstree - dnd.jstree - default - large {
        line - height: 32px;
        padding: 0 4px;
    }
    #jstree - dnd.jstree - default - large .jstree - ok,
    #jstree - dnd.jstree - default - large .jstree - er {
        background - image: url("32px.png");
        background - repeat: no - repeat;
```

```
        background-color: transparent;
    }
    #jstree-dnd.jstree-default-large i {
        background: transparent;
        width: 32px;
        height: 32px;
        line-height: 32px;
    }
    #jstree-dnd.jstree-default-large .jstree-ok {
        background-position: 0px -64px;
    }
    #jstree-dnd.jstree-default-large .jstree-er {
        background-position: -32px -64px;
    }
    .jstree-default-large.jstree-rtl .jstree-node {
        background-image: url("data:image/png;base64,iVBORw0KGgoAAAANSUhEUgAAA
CAAAAACAQMAAAAD0EyKAAAABlBMVEUAAAAdHRvEkCwcAAAAAXRSTlMAQObYZgAAAAxJREFUCNdjgII
GBgABCgCBvVLXcAAAAABJRU5ErkJggg==");
    }
    .jstree-default-large.jstree-rtl .jstree-last {
        background: transparent;
    }
    @media (max-width: 768px) {
        #jstree-dnd.jstree-dnd-responsive {
            line-height: 40px;
            font-weight: bold;
            font-size: 1.1em;
            text-shadow: 1px 1px white;
        }
    #jstree-dnd.jstree-dnd-responsive > i {
            background: transparent;
            width: 40px;
            height: 40px;
        }
    #jstree-dnd.jstree-dnd-responsive > .jstree-ok {
            background-image: url("40px.png");
```

```
            background - position: 0  -200px;
            background - size: 120px 240px;
        }
    #jstree - dnd.jstree - dnd - responsive > .jstree - er {
            background - image: url("40px.png");
            background - position: -40px  -200px;
            background - size: 120px 240px;
        }
    #jstree - marker.jstree - dnd - responsive {
            border - left - width: 10px;
            border - top - width: 10px;
            border - bottom - width: 10px;
            margin - top: -10px;
        }
    }
    @media (max - width: 768px) {
        .jstree - default - responsive {
            /*
            .jstree - open > .jstree - ocl,
            .jstree - closed > .jstree - ocl { border - radius:20px; background -
color:white; }
            */
        }
        .jstree - default - responsive .jstree - icon {
            background - image: url("40px.png");
        }
        .jstree - default - responsive .jstree - node,
        .jstree - default - responsive .jstree - leaf > .jstree - ocl {
            background: transparent;
        }
        .jstree - default - responsive .jstree - node {
            min - height: 40px;
            line - height: 40px;
            margin - left: 40px;
            min - width: 40px;
            white - space: nowrap;
```

```
        }
        .jstree - default - responsive .jstree - anchor {
            line - height: 40px;
            height: 40px;
        }
        .jstree - default - responsive .jstree - icon,
        .jstree - default - responsive .jstree - icon:empty {
            width: 40px;
            height: 40px;
            line - height: 40px;
        }
        .jstree - default - responsive > .jstree - container - ul > .jstree - node {
            margin - left: 0;
        }
        .jstree - default - responsive.jstree - rtl .jstree - node {
            margin - left: 0;
            margin - right: 40px;
        }
        .jstree - default - responsive.jstree - rtl .jstree - container - ul >
.jstree - node {
            margin - right: 0;
        }
        .jstree - default - responsive .jstree - ocl,
        .jstree - default - responsive .jstree - themeicon,
        .jstree - default - responsive .jstree - checkbox {
            background - size: 120px 240px;
        }
        .jstree - default - responsive .jstree - leaf > .jstree - ocl {
            background: transparent;
        }
        .jstree - default - responsive .jstree - open > .jstree - ocl {
            background - position: 0 0px ! important;
        }
        .jstree - default - responsive .jstree - closed > .jstree - ocl {
            background - position: 0 -40px ! important;
```

```
        }
        .jstree - default - responsive.jstree - rtl .jstree - closed > .jstree -
ocl {
            background - position: -40px 0px ! important;
        }
        .jstree - default - responsive .jstree - themeicon {
            background - position: -40px -40px;
        }
        .jstree - default - responsive .jstree - checkbox,
        .jstree - default - responsive .jstree - checkbox:hover {
            background - position: -40px -80px;
        }
        .jstree - default - responsive.jstree - checkbox - selection .jstree -
clicked > .jstree - checkbox,
        .jstree - default - responsive.jstree - checkbox - selection .jstree -
clicked > .jstree - checkbox:hover,
        .jstree - default - responsive .jstree - checked > .jstree - checkbox,
        .jstree - default - responsive .jstree - checked > .jstree - checkbox:
hover {
            background - position: 0 -80px;
        }
        .jstree - default - responsive .jstree - anchor > .jstree - undetermined,
        .jstree - default - responsive .jstree - anchor > .jstree - undetermined:
hover {
            background - position: 0 -120px;
        }
        .jstree - default - responsive .jstree - anchor {
            font - weight: bold;
            font - size: 1.1em;
            text - shadow: 1px 1px white;
        }
        .jstree - default - responsive > .jstree - striped {
            background: transparent;
        }
        .jstree - default - responsive .jstree - wholerow {
            border - top: 1px solid rgba(255, 255, 255, 0.7);
```

```
        border-bottom: 1px solid rgba(64, 64, 64, 0.2);
        background: #ebebeb;
        height: 40px;
    }
    .jstree-default-responsive .jstree-wholerow-hovered {
        background: #e7f4f9;
    }
    .jstree-default-responsive .jstree-wholerow-clicked {
        background: #beebff;
    }
    .jstree-default-responsive .jstree-children .jstree-last > .jstree-wholerow {
        box-shadow: inset 0 -6px 3px -5px #666666;
    }
    .jstree-default-responsive .jstree-children .jstree-open > .jstree-wholerow {
        box-shadow: inset 0 6px 3px -5px #666666;
        border-top: 0;
    }
    .jstree-default-responsive .jstree-children .jstree-open + .jstree-open {
        box-shadow: none;
    }
    .jstree-default-responsive .jstree-node,
    .jstree-default-responsive .jstree-icon,
    .jstree-default-responsive .jstree-node > .jstree-ocl,
    .jstree-default-responsive .jstree-themeicon,
    .jstree-default-responsive .jstree-checkbox {
        background-image: url("40px.png");
        background-size: 120px 240px;
    }
    .jstree-default-responsive .jstree-node {
        background-position: -80px 0;
        background-repeat: repeat-y;
    }
    .jstree-default-responsive .jstree-last {
```

```
        background: transparent;
    }
    .jstree-default-responsive .jstree-leaf > .jstree-ocl {
        background-position: -40px -120px;
    }
    .jstree-default-responsive .jstree-last > .jstree-ocl {
        background-position: -40px -160px;
    }
    .jstree-default-responsive .jstree-themeicon-custom {
        background-color: transparent;
        background-image: none;
        background-position: 0 0;
    }
    .jstree-default-responsive .jstree-file {
        background: url("40px.png") 0 -160px no-repeat;
        background-size: 120px 240px;
    }
    .jstree-default-responsive .jstree-folder {
        background: url("40px.png") -40px -40px no-repeat;
        background-size: 120px 240px;
    }
    .jstree-default-responsive > .jstree-container-ul > .jstree-node {
        margin-left: 0;
        margin-right: 0;
    }
}
--------------------------------源代码结束------------------------------------
```

将云计算技术运用在解决生物大数据可视化，基于动态网页和 HTML5 等技术构建一体化操作平台，并将上述可视化工具模块集成部署至该平台，使用户无须本地安装即可使用这些工具。将多种类型的生物大数据可视化工具集成部署到一体化的 Web 平台中，对其进行统一管理和运维，用户在本地计算机无须部署即可使用众多的可视化工具，降低其使用门槛，从而提高相关领域科研人员的工作效率，促进生物大数据可视化工具的标准化与流程化。基因组大数据可视化平台是一种具有很高易用性、高定制性、高性能的基因组大数据可视化浏览器平台，可以使用 HTML5 的可视化方式展现基因组序列、位点变异信息、基因表达信息、Hi - C 等基因组大数据集。农业生物数据分析，基于云计算技术的生物大数据可视化分析平台可视化强、效率高，同传统的静态数据可视化展现方式比，基于 HTML5 可视化技术，在交互性、界面等方面表现更为美观，并且容易和其他软件工具结合起来进行数据分析，以及方便传播分享数据等优势。

第 6 章　总结与展望

在本项目的研究工作中，我们首先调查研究了目前较为流行的一些云计算技术，如 Hadoop 平台和 Spark 平台等，这些技术可以极大地提高大数据分析作业的运行效率。接下来，我们将上述云计算技术应用于转录组 RNA - Seq 数据分析任务中，针对不同任务的内在特点，构建了多个实用软件工具，覆盖了转录组学研究中较常进行的一些分析任务，其中包括基于 Spark 云计算技术的并行化 RNA - Seq Mapping 算法、基于云计算技术的差异表达基因鉴定流程、基于 MapReduce 云计算技术的决策树算法以及基于 Spark 云计算技术的系统发育树构建算法。经过实验验证，我们发现上述基于云计算技术的相关软件工具在处理转录组学 RNA - Seq 原始数据时，相比于其他传统分析软件具有更好的运行时效率。该研究充分证明了云计算技术在生物信息学中的广阔的应用前景，为以后的相研究奠定了一定的实践基础。

采用云计算的方法解决生物信息学中 RNA - Seq 的大数据分析任务，可以解决相关传统软件在处理海量数据时所面临的运行时间长、系统资源占用率高等问题。将分析流程的各个任务分模块实现，最后组装整合成一个完整的流程软件，用户只需提供各个样本的原始序列文件，在设置一些必要的参数后，该软件即可按照顺序依次进行数据分析工作，一站式地完成复杂的分析工作。

本课题的研究重点是 Reads Mapping 过程中基于 Spark 的并行 FM - Index 算法实现过程，在算法实现过程中，主要是将选择的合适 FM - Index 算法在 Spark 平台并行化实现。在该阶段首先需要对 RNA - Seq 产生的原始数据进行预处理，形成可以进行 Reads Mapping 序列比对的 Reads 片段；其次是将参考基因组建立索引；最后将 Reads 片段与参考基因组索引进行比对，确定 Reads 在参考基因组中的坐标信息作为结果输出。建立索引过程也将分为三个阶段来研究：首先将参考序列进行切割生成 RDD，其次将 RDD 通过函数算子的转换生成新的 RDD 索引，最后将 RDD 索引持久化，为参考基因组索引。然后对实验结果进行分析评价。通过序列比对正确率、运行时间和并行加速比三方面对实验结果进行评价。在 RNA - Seq Reads Mapping 序列比对结果分析中，序列比对正确率作为程序性能评价的首要标准，通常使用 Sensitivity 作为序列比对正确率的评价标准。通过对串行和并行程序运行时间进行比较，作为算法并行化后的评价标准。最后通过并行加速比对实验结果进行结果分析，并行加速比以串行算法为基准，作为并行算法相对于串行算法的优化的评价标准。

在大数据成为研究热点的今天，各行各业数据量都在快速增长。作为计算机中生物信息学研究方向的学生，主要关注的是基因组方面的数据。随着高通量测序技术的不断发展，基因组数据也在以指数级速度增长，目前的单机处理工具存在一定的局限性。本文主要在工具和算法改进方面进行了研究与实现，工作主要体现在以下方面：

搭建云平台，基于 Spark 和 Hadoop YARN，Spark 作为计算框架，提高基于迭代的算法的执行效率；Hadoop YARN 提供分布式集群，HDFS 用来存储数据，YARN 作为资源管理器，进行任务的协调，保障顺利进行大数据量处理。在云平台的基础上研究机器学习算法中的聚类和分类算法，本书首先在 Spark 计算框架下研究聚类算法中的 K – means 算法，作为数据处理的第一步，找出最佳类别个数。而后研究基于 Spark 的分类算法中的 Decision Tree 及其组装树 Random Forest 算法，根据第一步的处理结果进一步分析，构建随机森林算法分类模型。

使用随机森林算法模型进行数据分析和并行平台运行时间比对分析，将训练好的随机森林算法 Model 对测试数据 RNA – tr. data 进行预测，根据对森林参数树的个数和深度设置不同，统计其错误率，实验结果表明：对 RNA 数据生成的随机森林 Model 棵数为 4、深度为 4 时，其分类效果是最佳的。而对于并行平台上机器学习算法在基于内存的 Spark、基于 MapReduce 的 Mahout 和单机传统执行方法运行时间对比分析，基于 Spark 的机器学习算法的执行速度明显优于后两种。此外，实验结果同时表明，并行计算平台可以有效地处理大数据，数据量越大，其优势越明显。在该平台上实现算法应用到相关领域，将更好地有助于其领域的科学研究或决策支持。

本研究从问题的出现到平台的搭建及最后的算法实现，虽然整个流程看下来比较完整，但是由于作者本人能力有限，还存在一定的待改进的地方。本书搭建的集群平台是基于虚拟机实现的，其实验效果在保证相对正确的情况下，运行时间与真实的集群存在一定的差异。在基于 Spark 的机器学习算法的研究方面，只是研究了相对典型的聚类算法 K – means 和分类算法决策树与随机森林的实现，还有很多有待研究的算法，比如支持向量机（SVM）等一些分类算法、基于协同过滤的推荐算法等。基于 Spark 的任务调度与安排研究的还不是很透彻，Stages 的分割需要进一步优化，提升程序运行效率，将其更多地应用于基于迭代的机器学习算法中。基于 Spark 和 Hadoop YARN 的平台具有很强的可扩展性，需要对基于该平台的算法进行进一步的研究和改进，使其可以灵活应用到多个领域的科研研究及决策支持中。

参 考 文 献

[1] 周萍. 生物信息学多序列比对及种系生成树的几种技术和算法研究 [D]. 成都：电子科技大学，2007.

[2] 张明辉. 基于 Hadoop 的数据挖掘算法的分析与研究 [D]. 昆明：昆明理工大学，2012.

[3] 张红蕊. 基于云计算的海量数据分类算法研究 [D]. 大连：辽宁师范大学，2014.

[4] 袁玲. 基于 spark 的实时电力负荷统计与事件检测 [D]. 武汉：华中科技大学，2015.

[5] 于钊，杜伟. 生物信息学及其广泛应用 [J]. 国际学术动态，2013 (2)：18 - 22.

[6] 叶晓江，刘鹏. 实战 Hadoop 2.0：从云计算到大数据 [M]. 北京：电子工业出版社，2016.

[7] 杨永刚. 云计算下关联分类技术的研究与实现 [D]. 成都：电子科技大学，2011.

[8] 杨帅. 面向组学大数据的生物信息学研究 [D]. 北京：中国人民解放军军事医学科学院，2016.

[9] 徐行健. 基于 MapReduce 的无序列比对全基因组系统发育树构建算法 [D]. 呼和浩特：内蒙古师范大学，2014.

[10] 王晓华. Spark MLlib 机器学习实践 [M]. 北京：清华大学出版社，2015.

[11] 王曦，汪小我，王立坤，等. 新一代高通量 RNA 测序数据的处理与分析 [J]. 生物化学与生物物理进展，2010，37 (8)：834 - 846.

[12] 王鹏. 走近云计算 [M]. 北京：人民邮电出版社，2009.

[13] 王明强. 基于 RNA - Seq 技术对齿肋赤藓和银叶真藓 HSP70 基因家族生物信息学分析和表达模式研究 [D]. 北京：中国科学院大学，2015.

[14] 王举，王兆月，田心. 生物信息学 [M]. 北京：清华大学出版社，2014.

[15] 王刚. 云平台下 HDFS HA 的研究与实现 [D]. 西安：西北大学，2013.

[16] 孙啸，陆祖宏，谢建明. 生物信息学基础 [M]. 北京：清华大学出版社，2006.

[17] 刘芳. RNA - Seq Reads mapping 中基于 Spark 的并行 FM - Index 算法研究 [D]. 呼和浩特：内蒙古师范大学，2018.

[18] 李宽. 基于 HDFS 的分布式 Namenode 节点模型的研究 [D]. 广州：华南理工大学，2011.

[19] 李靖宇. 生物信息学在微生物生态学中的应用 [J]. 安徽农业科学，2015，22 (22)：5 –7.

[20] 黎文阳. 大数据处理模型 Apache Spark 研究 [J]. 现代计算机：普及版，2015 (3)：55 –60.

[21] 纪兆华. 基于样本子集差异基因表达检测的统计方法研究 [D]. 长春：吉林大学，2011.

[22] 纪兆华，张晓华，闫新惠. 基于大数据技术的机器学习算法研究探讨 [J]. 科技资讯，2020，18 (15)：24 –25.

[23] 纪兆华，尹成伟，王春云，等. 农业生物数据分析初探 [J]. 种子科技，2021，39 (17)：36 –37.

[24] 纪兆华，王立东，徐行健，等. 基于云计算的 RNA – seq 转录组数据分析流程初探 [J]. 科技创新导报，2017，14 (19)：159 +161.

[25] 纪兆华，王春云，高春红，等. 生物数据可视化研究 [J]. 中小企业管理与科技 (中旬刊)，2021 (01)：193 –194.

[26] 黄勇. 基于高通量测序的微生物基因组学研究 [D]. 北京：中国人民解放军军事医学科学院，2013.

[27] 黄美灵. Spark MLlib 机器学习 [M]. 北京：电子工业出版社，2016.

[28] Zhaohua Ji，Yao Wang，Chunguo Wu，Xiaozhou Wu，Chong Xing，Yanchun Liang. Mean，Median and Tri – Mean Based Statistical Detection Methods for Differential Gene Expression in Microarray Data. 2010 3rd International Congress on Image and Signal Processing and 2010 3rd International Conference on BioMedical Engineering and Informatics (CISP'10 – BMEI'10)，Yantai，16 –18 October 2010，3142 –3146.

[29] Zhaohua Ji，Chunguo Wu，Yao Wang，Renchu Guan，Huawei Tu，Xiaozhou Wu，Yanchun Liang：Tri – mean – based statistical differential gene expression detection. IJDMB 6 (3)：255 –271 (2012).

[30] Yao Wang，Guang Sun，Zhaohua Ji，Chong Xing，Yanchun Liang. Weighted Change – Point Method for Detecting Differential Gene Expression in Breast Cancer Microarray Data . Journal：PLOS One ，vol. 7，no. 1，2012. (SCI，4. 932)

[31] Ji Zhaohua，Liu Fu，Wang Yao，Shi Xiaohu，Xing Chong，Liang Yanchun. Differential gene expression analysis on microarray data of breast cancer based on subgroup statistic

methods. Biomedical Engineering and Biotechnology (iCBEB), 2012 International Conference on. 28 -30 May 2012: 167 -171.

[32] Ji Zhao - hua, ZHENG Ai -jun, XU Xing -jian, QIU Jiu -kui, LIU Fu. Comparison Among Statistical Methods on the Differential Gene Expression Detecting. the 4th international Conference of Bionic Engineering, ICBE2013. (EI)

致　　谢

本专著是我攻读博士、博士后，指导研究生至今，在云计算和生物信息学领域，特别是基于云计算的差异基因表达检测数据分析研究工作的成果整合。值此专著即将完成之际，衷心感谢培养我的各位老师。感谢吉林大学、中国科学院北京基因组研究所、北京工业大学，给了我良好的学习平台，使我能不断汲取新知识，支持我有机会到北京大学、瑞典皇家工程学院等国内外学府深造学习，支持我有机会出国参加国际学术会议，让我开阔视野。

感谢徐行健、袁方方、刘芳、于静红老师对本专著的编写出版做了大量工作。

感谢北京信息职业技术学院的大力支持。

本课题得到北京市教育科学“十四五”规划2022年度课题（课题名称：基于大数据的新时代高职教育评价改革路径研究；编号：AADB22220）；北京市教委2019年度科研一般项目“基于云计算技术的生物大数据可视化分析平台构建及关键技术项目”支持。

谢谢！

2023年8月于北京信息职业技术学院